20几岁女孩，愿你有软肋也有盔甲

李少聪 著

文化发展出版社
Cultural Development Press

图书在版编目（CIP）数据

20几岁女孩，愿你有软肋也有盔甲 / 李少聪著．--北京：文化发展出版社，2017.6

ISBN 978-7-5142-1776-6

Ⅰ．①2… Ⅱ．①李… Ⅲ．①女性—成功心理—通俗读物 Ⅳ．①B848.4-49

中国版本图书馆CIP数据核字（2017）第133696号

20几岁女孩，愿你有软肋也有盔甲

李少聪 / 著

责任编辑：周　蕾　　　　责任设计：侯　铮
责任校对：岳智勇　　　　责任印制：邓辉明
出版发行：文化发展出版社（北京市翠微路2号　邮编：100036）
网　　址：www.wenhuafazhan.com
经　　销：各地新华书店
印　　刷：北京中印联印务有限公司

开　　本：889mm×1194mm　1/16
字　　数：205千字
印　　张：15
印　　次：2017年12月第1版　2017年12月第1次印刷
定　　价：39.80元
ISBN：978-7-5142-1776-6

前言
Preface

20几岁的年纪，正处于一个人半成熟与成熟的交替阶段，对于很多事情的理解难免会困惑丛生。这个年纪的女孩子，尽管活力四射，生机勃勃，但是在带着自己的迤逦梦想踏进社会后，理想与现实之间的冲突和矛盾也随之而来，让人不知所措。

20几岁女孩是一个非常重要的人生时段，充沛的精力、敏捷的思维让你更有朝气，更有前途。但是这是个从幼稚走向成熟的时期，所以犯错的几率也比其他年龄段要高。随着年龄不断地增长，把“年轻”作为借口好像已经不太灵了，所以女人20几岁就不要让自己再犯迷糊，珍惜这个最宝贵的时间段，为将来的美好的生活打下一个坚实的基础，而不是错过了人生最好的打拼阶段……

早在2500年前，孔子就曾经告诫前来求学的人:“吾十有五而志于学，三十而立。”这句话让今人看来，也足以说明：三十之前的种种所学，将会很大程度的决定人的一生。然而很多20几岁的女孩在还未曾步入社会之前，脑袋里根深蒂固所盛装的都是没有任何实际例证的书本知识。对于初入社会这所“大学”所带来的冲击感，并不能快速地消化理解。

20几岁，作为每个女孩人生中最为光辉灿烂的一段岁月，一定要在从最开始就一路领先。因为这个时间段，是每个女孩心智逐渐步入成熟的重要阶段，也是接触社会，理解社会，安然于社会的一个重要过程。只要你仔细观察周围那些三十多岁的女人，你就会发现，其实她们曾经也和你们一样，在经历过无数个磨砺后，才走向了更为成熟的人生。

反过来，我们也可想想，为什么有些三十多岁的女性生活得黯然无色？有些三十多岁的女性却依旧青春靓丽？其实很多时候，造成两种不同人生出现的根本原因，就在于她们给予自己人生起步定义的不同。

一个人的一生，没有所谓“最正确”“最便捷”的道路，就像20岁是30岁之前的助跑，是通往30岁的真正起航。只有在20岁就做好准备，起跑才会有力。这样到了30岁，你才会有足够的力量支撑起自己的下半个人生。

聪明的女孩都明白，要想在30岁获取一个幸福美满的人生，那么就必须在20几岁的时候掌握更多让人生幸福的方法，并且予以实践。毕竟步入社会后，你所要做的人生选择题和判断题也会越来越多，而一步错，那么就会步步错下去，因为人生本就没有后悔药。

任你如花似玉，也抵不过似水流年。对于爱做梦的20几岁女孩来说，千万不要自恃青春无限好而忽视人老珠黄的一天。你需要努力学习本书中前辈姐姐们的人生经验，让自己更智慧、更聪明，才能拥有更精彩的人生！书中的每一句都是前辈姐姐们用心血换来的金玉良言，对20几岁女孩的人生有着四两拨千斤的神奇力量。20几岁的选择决定你的人生，如果不让自己变得更理智、更成熟、更有智慧，到了美人迟暮的那一天，你会发现自己一无所有，追悔莫及！

希望本书能够对处于幸福迷茫期的20几岁女孩有所帮助，能够更好的指导你们在人生的道路上走的更加顺畅。毕竟生活永远都在继续，千万不要等到了30岁的时候，剩下来的多半是悔恨、和失望。20几岁的女孩，请积极的运用书中的知识，为自己的未来打造一个更好的人生舞台吧！

目录
Contents

第三章

多一点现实，就会多一点幸福

第四章

20几岁女孩，要做一支红酒而非一瓶啤酒

第五章

想成为什么样的人，就和什么样的人交往

第六章

可以不做女强人，但一定要做强者

第七章

经济独立的女孩，才能实现精神独立

第八章

懂一点职场潜规则绝对没坏处

第九章

20岁以前可以不漂亮，20岁以后不漂亮就是你的错

第十章

永远相信爱情，但不是童话里的爱情

第十一章

婚姻如鞋，舒适比漂亮更重要

第十二章

永远不做奉献到底的“女神”

第一章

20几岁的你，不能再心里藏不住事了

1. 你已经过了“心里藏不住事”的年龄

如果说十几岁的女孩是一个单纯、简洁的词，那么20几岁的女孩就应当是一首华丽、生动的诗篇。20几岁是一个女孩一生中最为光鲜亮丽的阶段，这个时期的女孩不仅在外貌上悄然“化蝶”，而且在思想上也已经脱离稚嫩走向了成熟。

20几岁的女孩要明白，社会上人际关系较为复杂，每个人都是深藏不露的高手。如果不想让涉世未深的自己掉入到险恶的“陷阱”中去，那么就应该随时提高自己的防备意识，处理好自己的情绪。为自己戴上华丽的“面具”吧，因为你已经过了“心里藏不住事”的年龄。

娟妍刚刚过了22岁生日，就接到了公司实习的报告书。掩饰不住欣喜的她很是激动，因为这代表着自己要真正步入社会了。

可是因为年轻气盛，很多时候她都不会掩饰自己，所以刚刚在这家上市公司实习不久，就得罪了不少人。但即便如此，她依旧毫无知觉，直肠子来，直肠子去。有一次，她在公司的例会上做了一次评述报告，报告期间，有几个同事在下面小声讲话。娟妍看到后，脸色很是不好，想也没想，就当着众多与会人的面停了下来。

大家刚开始都以为她是忘词了，可是看着她恨恨的眼神，大家把目光都投向了几个坐在后桌的同事，过了一会儿，娟妍大声地讲道：“你们怎么这样不尊重我的劳动成果？不想听干吗坐这儿？”然后，她当着前排领导的面发了好一顿脾气。这下她可出了一场洋相了。

从那之后，几乎每个同事都对她敬而远之，渐渐的，娟妍在公司就完全是一个人独来独往了。这样的工作环境和心情让她很是郁闷，同时工作也开始连连出错，结果还没过实习期，公司就辞退了她。

事实上，把情绪埋藏在心间不表露出来并不难。假如20几岁的你不懂得为人处世的一些基本法则，那么脸上时刻出现的“晴雨表”很快就会遮住你前方人生路上更加明媚的天空。因为不加控制的情绪流露，很可能会触碰到别人的雷区，从而让他人对你避之不及。

20几岁，是一个人心智逐渐步入成熟的阶段。只要你仔细观察周围的女性，就会发现，很多时候，她们是戴着“面具”出席各种社交场合的，遵循那些基本的礼仪。因为这些“面具”，可以让她们避免一些尴尬和失误。

或许有的女孩会说：“我为什么要戴上面具呢，这样做难道不虚伪么？”不，在这个复杂的社会中，什么样的人都有。“面具”只是我们顺应社会、保护自己的一道屏障而已。只要你不戴着“面具”刻意去侵犯他人，那么就谈不上虚伪。

对于那些20几岁像花一样的女孩，要明白：一个成熟智慧的女人，即便此刻心中下着雨，可是脸上依旧会是晴空万里。她们懂得在重要场合隐藏自己的情绪，她们只会把一切写在心里，而不是脸上。

从现在起，开始接受自己“忍耐”之路的历练吧。人生本就是一条漫漫长路，需要的是更加成熟稳重的步伐，只有这样，才能走得步步生花。

2. 见人只说三分话，不可全抛一片心

《增广贤文》中有这样一句话："见人且说三分话，未可全抛一片心。"一些20几岁刚刚步入社会的女孩子，因为性格直接、干脆，所以很容易在与他人交谈时，还没有弄清事情的利害关系，便将整个事情全盘托出。有时说到激动时，更是口不择言。

单纯和善良并不是坏事，可是如若对方居心不良、意图不轨，那么你说出来的那些话，就会成为对方掌控你的最好工具，一旦被对方加以利用，你必将为此付出惨痛的代价。

有一次，家欣去参加一个朋友的生日聚会。聚会中一个平日关系很不错的姐妹突然问家欣是不是对她们其中的某个人不满，所以时常在背后说那个人的坏话。家欣当时听后十分尴尬，因为当时刚好这个人就在聚会上。但是从姐妹的口中得知细节后，她却惊讶地发现这些让人不满的话竟出自发小露露的口中。

尴尬地过完朋友的生日后，家欣气冲冲地回到了家，绞尽脑汁也想不通：自己从小到大的玩伴，怎么会出卖自己呢？自己对她如此信任，每次有什么话都会找她诉说。一回想起刚刚在聚会上的那个尴尬场面，她憋了一肚子火。最后家欣冷静了下来，并没有去找发小对质，只是深深体会到，以后绝对不能这样口无遮拦了，自己也应该有一份防范心理。还好这次只是一件小事，如果以后真出了什么大事，那自己肯定后悔莫及。

很多时候，朋友也有远有近，就是最好的朋友之间也会有不能说出口的秘密。有的女孩很聪明，明白话说得太多，只会祸从口出。所以不管在哪里，

都给自己留下一个可以退步的空间。20 几岁的女孩应该明白“谦受益，满招损”的道理，千万不要因为过于单纯而卸下对他人的防备，让口无遮拦的话语变成可能伤害自己的一把利剑。

有位西方哲学家曾经说过：“我宁愿什么也不说，也不愿暴露自己的愚蠢！”正所谓“世事难料，人心叵测”。如果你对人家说出了全部，尤其是不太熟悉的人，哪怕只说了四分真话，也可能会坏了你的大事，或者造成难以想象的后果。

其实，不管是对别人说自己的秘密，还是去听别人的秘密，都没有什么好处。因为这个社会上唯恐天下不乱的人太多了，而且有些人几乎每天都在无事生非，把别人的短处、隐私和是是非非编排得有声有色，夸大其词地逢人就说，以致埋下了很多怨恨的种子。

20 几岁的女孩，应该将“言多必失”作为人生前行的指引，不仅要学会谨言慎行，而且还要懂得用三分真话、七分废话来应付不太熟悉的人，这样才不会招惹一些不必要的麻烦。

3. 别人的隐私，要么拒之门外，要么烂在肚里

有人曾经这样说过：“宣扬别人的隐私绝不会成为你快乐的源泉，相反，它可能是你痛苦的根源。”女孩子大多心思细腻，隐藏的秘密也很多。如果有人愿意把自己的隐私吐露给你，说明对方对你有着深厚的信任。

但是，20几岁的女孩还要明白，在面对别人的隐私时，要么一开始就拒之门外，要么就使其永远烂在肚里。如若锁不住自己那张喜爱捕风捉影的嘴，把别人的隐私传来传去，那么不仅你的信任度会在他人面前大打折扣，而且很快你周围的好友也将离你远去。

虹雨今年25岁，在一家贸易公司从事客户接待工作。和她在一起工作的还有一个同事胡曼，两人因为同时进公司，所以平常休息时经常一起上网，一起逛街，一起吃饭，很快两个人就被其他部门的同事称为“姐妹花”。

因为两人在一起的时间很长，而且又很投缘，所以几乎是无话不谈，时常交换一些小秘密。虹雨知道胡曼暗恋着技术部那个比她小两岁的技术人员，而胡曼也知道虹雨出生在一个单亲家庭里，大学时期曾经未婚先孕。

半年过去后，公司技术革新，虹雨成为唯一一个被派到厦门去学习的部门职员，别人都没觉得什么，只有胡曼半开玩笑半认真地说了一句，“为什么是你呢，要去也应该是我去啊！”培训的目的是为了进一步提升职位，不久之后虹雨被提升为经理助理，但与此同时，与虹雨未婚先孕有关的流言蜚语也开始流传开来，这些话还传到了虹雨的上司耳朵里，而上司也找虹雨谈了几次话。虹雨明白一定是胡曼泄露了自己的隐私，很快两人当初的友谊变成了一场“职场恶战”，曾经的姐妹花也不复存在了。

或许，每个人都有一颗好奇之心。尤其是20几岁刚刚踏入未知社会的女孩，更是对这个复杂的社会充满了好奇。当偶尔听到对方透露一些谁的隐私时，有些女孩总会忍不住对别人八卦一番。其实，这不但是对别人的不尊重，也是对自己品格的一种玷污。

很多时候，隐私都是人们的缺点或缺陷，是人无法排解的心病，是不愿意被别人提及的心理敏感区。这些事情常常是人们心中的阴影和思想包袱，谁也不愿意提及。所以20几岁的女孩一定要善于控制自己，明白究竟什么该说,什么不该说,否则就会造成很多误会和对立,影响自己与他人之间的交往。

当然，可能很多人是在无意当中把对方的隐私传出去的，又或者在你看来说出这些无妨。可即便对方没有叮嘱你不要外泄，你也应该明了有些话对方并不希望第三人知道。你越尊重对方的隐私，与对方的距离就会越近。相反，如果你不小心说漏了嘴，不仅自己落得背信弃义的骂名，朋友肯定也做不成了。

另外，朋友一旦出现嫉妒心或不满等情绪，那么这些隐私就很可能被他人利用。如果大家都以传播对方的隐私来获得心理平衡，那么必然会给彼此身心造成很大的伤害，所以切莫主动介入对方的隐私。

20几岁的女孩子要懂得，过分关心别人隐私是十分不可取的。即便知道了别人的隐私，如若能站在对方的角度看待事情本身，不随意泄露他人的隐私，不仅会为自己打上值得信赖的标签，还能在工作生活中得到更多朋友。这样只需“闭嘴”就能得到的收获，何乐而不为呢?

4. 深藏不露，才能让人产生与你交往的兴趣

在人际交往中，我们都渴望坦诚相见，但这不意味着毫无保留。20几岁的女孩要知道，有时候过早地暴露自己，并不是真诚的表现，反而会成为人际交往的一个障碍。试想，如果你一开始就把自己变成一个透明的“玻璃人”，让人一览无余，谁还会对你产生继续交往的兴趣呢？

深藏不露，才能让人浮想联翩。有人说，女人的魅力不在于美丽，而在于神秘。这一点在爱情上表现得尤为突出。

才貌双绝的一代名伶林徽因，著名诗人徐志摩为了她决意离婚，大学者金岳霖为了她终身不娶。而她最终嫁给了梁启超的儿子梁思成，梁思成在新婚之夜诚惶诚恐地问她，为什么单单选择了他，林徽因嫣然一笑，答：“我会用一生的时间来告诉你。”这个巧妙而深邃的回答就像一个谜，让这位建筑学大才子后半生都在钻研求索。

在爱情中，女人的深藏不露就像一件性感的内衣，把自己包裹成了一个谜，让男人浮想联翩。面对这样一个神秘的女人，男人总会猜想她此刻在想什么，下一刻会做什么。而对于那些一出场就彻底暴露了自己的女人，不只是男人，即便是周围的人也会失去兴趣，甚至会因为你的过早暴露而对你产生某种偏见，哪怕你当时是无心的。

兰芝大学刚毕业，就被姑妈陈娟安排在自己的单位上班了。上班的第一天，兰芝大方地向同事介绍了自己：大家好，我是陈娟的侄女，以后还要大家多多关照。兰芝以为为自己挂上了“部门经理侄女”的头衔，便会受到更

多的关照。

事实也的确如此，大家对兰芝的态度十分殷勤，就连平时不怎么搭理人的老刘偶尔也会在业务上对兰芝指点一二。几年中，兰芝的业绩虽然不尽如人意，但谁都不会说什么。这种关照一直维持了三年。

三年后，姑妈退休了，同事对兰芝的态度一下有了180度的大转变。工作上也对兰芝开始挑挑拣拣，这时，兰芝才发现自己的工作能力在这三年之中竟然没有什么提高，现在被人指着鼻子训斥也没有办法了。兰芝心想：早知道当初就隐瞒一下自己的身份了，这样也许大家会真诚地帮助自己，而非一味地讨好，到头来自己什么都没学会。

任何时候，女人都不要轻易说出自己所想的，给自己留个可以伸展的底线，虽然有时候得不到实惠，但是也不至于吃太多亏。就拿平时女人的购物来说，精明的女人在看上心仪的物品时，绝对不会表现出特别想买的意愿，她们会让卖家觉得自己对这件物品持可有可无的态度。于是，卖家为了卖出东西，就会适当地降低价格。倘若女人表现得特别喜欢，那对方便会认定你花多少钱都愿意买下它，自然就不会降价了。

复杂的社会中，20几岁的女孩很难分辨哪些人对自己有利，哪种人会对自己图谋不轨，如果你把自己的身份或想法一五一十地向对方表明，很有可能会受到伤害。有时人生就像一场武侠剧，充满了光怪陆离，你所面对的每一个人都可能是深藏不露的高手，而每个高手都有自己秘密的武器，如果让别人知道了你的玄机，那么将会必死无疑。

所以，无论何时，女孩们都要记得给自己留一手，做一个让他人捉摸不透的女人，会比那些让人一眼就看穿的女人有魅力得多。

5.“率直”的“傻大姐”最容易吃亏

小的时候，“天真”“直率”对于孩子来说，无疑是最好的夸奖。可是，到了如今20几岁的年龄,如果再有人说你“直率”,那这个味道可就不一样了。这时，女孩不妨重新审视自己的性格，问问自己，“直率”真的好吗？因为很多时候，事情就坏在了这份“直率”的性格上。

直率的女孩往往说话不留情面。常言道：“人活一张脸，树活一张皮。”学会让别人保住面子，是女孩在与人交往说话时的一条基本原则。对于某些事情，如果你斤斤计较，过分直率，得理不饶人，那么不仅会激起对方更多的反驳，还会让对方越来越厌恶你，下次逮住机会就给你“小鞋”穿。

慧英是一家建筑公司的安全协调员，她的任务就是每天在工地上转悠，提醒那些忘记戴安全帽的工人们，开始的时候，她表现得非常负责。每次一碰到没戴安全帽的人，她就会大声批评，看到他们一脸不高兴的样子，她又会说：“我这还不是为你好，对你负责，对你的家人负责？”工人们表面虽然接受了她的训导，但却满肚子不愉快，常常在她离开后就又将安全帽拿了下来。

公司的一位女经理，看到了这种情况，就偷偷建议慧英，不如换个方式去让他们接受自己的批评。于是，当她发现有人不戴安全帽时，就问他们是不是帽子戴起来不舒服，或有什么不适合的地方，然后她会以令人愉快的声调提醒他们，戴安全帽是为了保护自己不受伤害，建议他们工作时一定要戴安全帽。结果遵守规定戴安全帽的人越来越多，而且大家也不再像以前那样出现不满情绪了。

生活中，很多女孩总是因为自己过分坦率的性格，惹来很多不必要的麻烦。直率是无可厚非的，但适当的含蓄更值得学习。很多时候，换一种语气说话，比那些咄咄逼人的口吻更容易让人接受。所以，即便是真的要给对方提出意见，我们也应该尽量让自己的语气变得和缓一些。

当然，坦率直言的人有些时候给人的印象还是比较好的，会被认为老实忠厚。可是，等别人渐渐发现原来你头脑简单、思想简单时，便会把你定位成弱者，万一对方心怀不轨，那你岂不是自讨苦吃？所以，很多人在没有自我保护机制的情况下，常常吃了大亏。

另外，直率的人常常想说什么就说什么，毫无掩盖，直来直去而且不分场合，这就犯了一个人性的大忌，人是被包装起来的，谁不希望自己更漂亮、更完美、更出众？如果不看清场合就让人下不了台，那么就大大伤害到了别人的自尊。

因此，20 几岁的女孩一定要明白，做人说话不是不能坦率，但坦率的背后一定要有理性和智慧的支配。只有掌握好一定的火候，找准适当的时机，那么你的话语才会被他人所接受。

6.男孩不能冲动，女孩更不能冲动

有句话说得好：冲动是魔鬼，冷静似神仙。女孩20几岁正是容易冲动的时候。跟男朋友吵架了，动不动就会提分手；工作上遇到了不顺心的事，动不动就要辞职；尤其是对于那些易怒的女孩更是如此。不管在什么场合，只要一触及自己的爆发点，便开始烦躁不安，甚至怒目相对。其实，这样不仅很容易将事情搞砸，而且还会严重地损害人际关系。所以，任何时候女孩子都不能过于冲动，一定要学会尽力约束自己的情感，控制自己的情绪。

嘉淑今年读大三，为了减轻家人的负担，她趁着暑假便去商场兼职打工了。嘉淑被安排在电器柜台前做服务介绍，而这项工作的内容主要就是面对顾客。

这天，嘉淑刚上班，一个中年模样的妇女拿着一个电暖炉走了过来，二话不说就开始吵闹起来，而且态度很强硬地说："我上个月才在你们这儿买的电暖炉，这才多久啊，就坏了。你们这个明显质量不过关！今天你必须给我换一个新的！"

嘉淑看了看那个已经用得半新半旧的电暖炉后，耐心地跟这个阿姨模样的妇女解释道："我们的规定是半个月可以退货，但您已经用了一个多月了，不能退货，但我们可以帮您免费维修。"但是这名妇女不仅不听，更是大声叫嚷开来，还满口的脏话，要求退货。嘉淑仍然温和地对女顾客说："这种电暖炉已经用了一段时间了，没有大的问题，按规定超过日期是不能退的。可是如果你执意要退，那干脆卖给我好了。"就在嘉淑掏钱的时候，那个原本粗暴的女顾客脸红了，听着周围人的议论，她终于让步不再要求退货，只要求维修。

冲动常常会使人冲破理智的控制，犯下无法挽回的错误，而且，冲动之下的发怒对女孩的形象也是极大的破坏。想必大多数女孩都想给别人留下良好的印象，但往往有时就因为自己一时冲动，原本在别人眼里温文尔雅的形象一下子不见了，取而代之的是与自己年龄不匹配的泼妇形象，多么得不偿失啊。

不管任何时候，我们都应该用冷静的态度来支配我们的头脑。试想一下，如果你管不住自己，谁也拦不住你的冲动，一旦丧失理智做出什么不该做的事情，那么事后定会追悔莫及。

另外，为了维护自己完美的形象，为了自身的健康，女孩也应该学会控制自己的情绪，学会尽量不发火但却把事情解决好。而在这方面，情商是起着决定性的作用的。通常情况下，一个高情商的女人能时刻保持头脑清醒，控制自己的怒气。而低情商的女人在愤怒不已的时候，只会不计后果地一下子发泄出来。

刀郎曾经唱过一首叫《冲动的惩罚》的歌曲，既然冲动之后是惩罚，那么为什么我们还要大动干戈呢？有人曾经说过“发怒的女人是最可怕的”，这话一点不假。如果女孩们想要维护自己完美的形象，那么就一定要克制住自己，不要因为一时的冲动而付出沉痛的代价。

7. 警惕“踢猫效应”

心理学上的“踢猫效应”，讲的是关于人的情绪传染问题。当一个人内心有不满情绪出现的时候，如果不加以自制，会很容易把这种情绪带到生活中，“传播”并影响到其他人。继而，一传十，十传百，波及范围越来越广。

很多时候，有些女孩常常因为自己的坏情绪，从而影响其他人的日常生活。她们总是不停地向他人抱怨自己的不满，继而带动他人也开始愤愤然。这种“循环报应”被他人接收后，最终通过更多的人又反噬到自己身上，从而使得自己的情绪更加低落。

年纪轻轻的兰蕙27岁就接手了父亲的公司，她为了重整公司，许诺自己将早到晚回。但有一次，因为闹钟坏了，兰惠晚起了半个小时，顾不上吃早饭，便急匆匆地开车上了路。为了不迟到，她在公路上超速驾驶，结果被警察开了罚单，最后还是误了时间。

兰蕙愤怒之极，来到办公室，为了转移自己的愤怒情绪，她将销售经理叫到办公室训斥了一番。销售经理挨训之后，气急败坏地走出了兰蕙的办公室，将秘书叫到自己的办公室，并对她挑剔了一番。秘书无缘无故被人挑剔，自然是一肚子气，就故意找接线员的茬。接线员无可奈何垂头丧气地回到家，对着自己的儿子大发雷霆。以致第二天，大家到公司的时候，都是一副情绪状态不佳的样子。

20几岁的年龄已经不再是由单纯支配的年龄，更何况还是一个接手并掌管公司的人呢？俗话说得好：“人生不如意之事，十有八九。”生活中，每个人都会遇到不同的坎坷，如果每个人都是一副踩到炸弹的愤怒样子，又怎么能够面对未来人生路上更多的波折和困境呢？对于大多数刚进入社会的女孩子来说，不良情绪只会导致自己身心俱损，而且还会引起更多不良的后果。

有一位哲人曾经说过：“心若改变，你的态度跟着改变；态度改变，你的习惯跟着改变；习惯改变，你的性格跟着改变；性格改变，你的人生跟着改变。”20几岁的女孩子，无论处于怎样一种环境，都应该学会克制自己，学会调节自己的心情。不要让那些负面情绪扰乱自己的思考，让自己的事业前途受到不利的影响。

如果遇到了某些让自己心情不好的事情时，我们一定要保持冷静。想象这样做造成的后果会是怎么样，那么就可以避免很多不愉快的事情发生。也只有这样，我们才能让自己的人生之路走得更加顺利。

20几岁的女孩子一定要学会克制自己的坏情绪，千万不要让它传染了别人之后又再度影响自己。只有警惕“踢猫效应”，才能让别人更加真诚地对待你。

8. 听到逆耳之言不失态

如今的女孩子，大多都娇生惯养，从小生活在蜜罐里，在家里有父母的百般呵护，在学校老师更是打不得，骂不得，所谓集万千宠爱于一身。但当这些女孩成长到了20几岁，步入社会的时候，问题也就随之而来了。

进入社会后，没有人会无限度地忍让你，甚至一次都不会。当你犯了错误时，他们会用最犀利的言语指责你；即使你做得再成功，也不可能让所有人都满意。那么，随之而来的便是冷嘲热讽。

梦菡虽然今年才25岁，却已经是一位颇有名气的青年作家了。有一次，她受约做一次演讲，当她兴致勃勃地将演讲词说完后，会场里响起了一阵热烈的掌声。很显然，这次演说非常成功。接着便是回答一些记者的问题。

只见一张张的纸条递到了台上，此刻的梦菡也显得非常优雅从容，耐心地回答着记者的提问。但是，突然她见到一张纸条上赫然写着这样一句很刺眼的话："你的一些作品明显属于二三流，可是却能够刊登在颇有名气的杂志的显著位置，这是否与你的背景有关呢？"这显然是很有针对性的贬低人的话语。

在读完这张纸条的一瞬间，梦菡脸上的微笑一下就不见了，不仅尴尬万分，还微微有些发怒。她答道："请问提这种无知问题的记者是谁？我的作品已经得到了广大读者的认可，这不需要本人给予解释。"说完这句话后，场上的空气似乎一下就凝结了，梦菡在接下来的提问中显现得也特别不耐烦，整个后半场的演讲提问被弄得十分不愉快。

毕竟"好话一句香千里，恶语一句六月寒"。虽说逆耳之言并不都是"恶

语”，但听到之人心里总归是不怎么舒爽的。如果你因此马上摆出一副不满的态度，或者顿时花容失色、剑拔弩张的模样，那就太失态了。

其实，不妨学学如今娱乐明星的做法。比如，林志玲在面对被质疑是花瓶的时候，依旧微笑着，用她那嗲嗲的娃娃音回答：“花瓶也不是谁都能当的。”女孩要明白，微笑是一种最好的反击。

其实，当逆耳之言向你袭来的时候，某种意义上正是考验你做人态度和处世修养的时候。对于20几岁的女孩子来说，你若是能够放缓自己的心绪，学会将不良情绪搁置心底，安之若素地静静等待事情的过去，那么你就真正走向了成熟。

然而，在这个处处充满“硝烟”的社会中，大多数人往往不容易做到这点。毕竟不好听的话不论谁都会被激起原始的强烈反应，应该说本来就是内心和外在变化的正常表现。如果我们能够克制自己，让自己变得有分寸感，有素质修养，那么我们才能真正走向坦然。

另外，在一些社交场合中，我们一定要控制自己感情的任意宣泄，绝对不能随意地感情用事，只有这样我们才能不失态。不管在哪里，一个大方端庄的女性，才会表现得成熟稳重，讲话得体。这也是对一个女性在社交场合表现是否成熟的一种检验。

平心而论，当他人对我们提出意见和看法的时候，其实本身就是一种尊重，我们应该对其表示感谢。至于有些误解，可以努力去改变和消除，千万不要动辄就把自己的不满情绪发泄出来，不顾周围大局形势。把所想的藏在心底，礼貌地对待他人的指点，如此才方显大度，不失礼于人。

所以，当逆耳之言袭来的时候，20几岁的女孩应该学会冷静从事，泰然处之，以积极的态度正确对待。这样在以后社交活动越来越多的情况下，才不会因为听到逆耳之言而做出失态的举动。

第二章

20岁时的选择，决定了30岁后的生活

1. 20 几岁的女孩们，其实 30 岁已经离你很近

春晚中小沈阳的那句“眼睛一闭一睁，一天就过去了；眼睛一闭不睁，这辈子就过去了”令很多人记忆深刻。的确，时间就是在睁眼闭眼中飞快流失的。当女孩 20 几岁的时候，可能还领悟不深，觉得 30 岁对于自己来说是非常遥远的事情。但是，很快你就会发现，所谓白驹过隙，十年的时光不过只是一瞬间的事情。也许昨日的你还在和一帮好友谈笑风生，今日就已经围着家庭、孩子等琐事而打转了。

如果 20 几岁的女孩不好好把握现在美好的光阴，成天混混沌沌地过日子，那么岁月终将会无情地给予你应有的惩罚。到时，你收获的只是一张渐渐老去的容颜，还有一颗迅速苍老的心。

乐英从来都未曾想过自己将要面对的未来，她本科毕业后并不像同窗好友一样急着找工作，而是打算准备在家好好休息一年。每当父母为她今后的事情着急时，乐英总是不急不慢地说道：“我不喜欢活得那么累，读书、工作，简直就没有闲下来的时候。再说我还年轻，有的是时间。”

然后等到又一年的时候，她依旧还是那么一句话：不着急，你看我读博士的那些朋友到现在都没出来呢。最后一晃就到了 27，在这几年的时间里，她几乎就是宅在家，偶尔帮父母的店铺打打杂，在家做个饭。等到同学们带着各种领导头衔频频出现在聚会上时，她才开始后悔了。谈到将要来临的 30 岁，她更是十分郁闷，没想到时间真的是一眨眼就溜过去了，几年的时间居然会造成自己和他人这么大的差距。

时间就像是一个刽子手，它不仅在女人的脸上刻画出过往生活的痕迹，

而且随着一年一年过去，会让女人的身心也产生质变。20 岁时，或许还不惧怕时间，也总是想着自己还年轻，没有必要想得那么远，一切顺其自然。可是，生活并非我们想象得那么简单。

20 岁就像是通往 30 岁的一条甬道，其间所积累的生活经历和沉淀下来的美好，正是为了 30 岁的成熟而做的铺垫。所以，20 几岁的女孩，也应该有一种危机意识，不要把自己拥有的最为宝贵的青春浪费在一些无关紧要的事情上。

刘晴一直都是一个高瞻远瞩的人，大学一毕业她就觉应该趁年轻多多积累经验，否则时间一不留神就过去了。她是学会计专业出身的，所以一毕业就进入一家公司先做出纳。一开始工资并不高，但她凭着自己一步步的稳扎稳打，从出纳逐渐升为会计，再到主管会计，最后到财务经理，如今的她已是这家公司的财务总监。在十多年的财务生涯中，她走得很踏实，而许多学历比她高的人都没有取得这样的成绩。

20 几岁的女孩子，千万不要以为 30 岁离你还很遥远，不要对自己说“现在什么都没有，时间有的是”。只有懂得珍惜这段黄金年华的女孩，才能把自己历练得如钻石般光芒四射。

在这个经济发展迅猛，而且物价飞涨的年代，我们时刻都要为自己今后的出路有所打算，不论对家庭还是事业，一定要有一个具体的认识，并且为了自己所定的目标而奋斗。否则，等到了 30 岁，你不仅会手忙脚乱，还会因为没有往日的累积而后悔。

20 几岁的女孩，与其在 30 岁时后悔，不如趁着年轻，勤奋地挥洒自己的汗水，绝不能懒惰地浪费人生。因为时间不等人，不管你处于 20 几岁的哪个年龄层，都要给自己规划一个充满希望的未来。这样到了 30 岁的时候，才能真正地享受属于自己的幸福。

2. 年轻时的选择仅有关键的几步，一步错步步错

人生就好比下棋，有时走错一步，便注定了结局。年轻时的选择是一个人一生中最为关键的几步，尤其是在20几岁青春的大好时机，女孩子一定要认真思考和选择自己今后所要走的路，选择自己喜欢的生活。人生应当步步为营，如果一步错就会步步错。

静曼到了35岁的时候，才幡然醒悟自己当初的选择是多么草率。想起自己25岁时，从国家一类大学毕业后，就直接进入了国企工作。但是每日都做着重复性的工作，静曼渐渐觉得自己的亮丽人生似乎被蹉跎了，越来越觉得工作枯燥，于是她义无反顾地辞去了让大家艳羡不已的稳定工作，转往自己向往却不曾接触过的商业圈发展。

在激流汹涌的商业圈内，静曼迸发出了从未有过的激情。强烈的竞争力以及那种奋发的拼搏力让她仿佛重获新生。可是，没有经验的她却看轻了那些在商场上混战多年的老油条，就在静曼想利用自己积攒的钱财做一笔大买卖，并且对其抱有很大期盼的时候，却因为别人的出卖而前功尽弃。

此时的静曼已经到了31岁的年龄，以后的几年里，她只能是像个无尾熊一样，从这个公司跳槽到另一个公司，一直都没能稳定下来。随着年龄的增大，她越来越感到力不从心。她开始怀念以前大学毕业后的平稳工作，当她看到当初和自己一同毕业在国企里踏踏实实的同学，如今已经当上了部门主任后，她着实后悔不已。

不知道有多少30岁的女人在回味自己20多岁的时候有过悔恨，但可以肯定的是，如果当初能够选择适合自己的正确道路，那么也就不会有后来这

种不如意的思想产生了。由此可见，年轻时的选择对以后的成长和稳定有多大的影响。

“好的抉择让你受益终生。”这是美国国务卿詹姆斯·布莱恩的名言，他如今的成功与名望很大一部分取决于当初的选择，这个选择使他从教育转向了媒体，最后走上政坛。如果没有这次选择，对于他自己的才能是一种埋没，对于整个国家也是一种损失。

如果你在青年时代就为自己定下一个好的目标，并且一直努力地向着这个目标奋进，那么到了中年时期，自然就会收获丰硕的果实。人生本来就是一次选择，在你最美好的年纪，为什么不好好为自己的将来深思熟虑一番呢？当然，在每个选择的背后都会有代价，特别是20几岁的女孩相比同年龄的男孩来说受的限制更多。所以，20几岁的年轻女孩子要获得自己想要的生活，就要拿出对生活的渴望和判断的勇气。

当然，每个女孩的追求都是不同的，但是不管今后选择的道路朴素还是奢华，都应该是自己真心想要的结果才对。女人一旦到了30岁，曾经的追求会因为理智而慢慢平静下来，从20岁到30岁，不只是时间的变化，还有对生活的沉淀。如果20岁的你就明白了什么是自己想要的，选择好了自己所要走的道路，那么自然也就不会浪费掉十年时间让自己和幸福远离，因为并不是每个女人到了30岁都有勇气去改变现在的自己。

另外在恋爱和婚姻的选择上，女孩子也应当谨慎。毕竟这是对于一个女人来说最美好最重要的大事。你做出了怎样的选择，那么你就将面对一个怎样的家庭和人生，所以万万不可草率行事，以免走错了棋，耽搁了自己的一辈子。

20几岁的时候，那种锐气和生机是与生俱来的，我们一定要珍惜这段美好时光，并且好好地为自己以后的幸福铺路。不要无故被生活中的烦恼和琐事影响，认真审视自己，选择自己最喜欢的生活方式和前方道路，这样到了30岁的年纪才能一路踩着幸福而行。

3. 如果自己认定是对的，那么就勇敢地去做

几乎每个人都会有自己的梦想，尤其是20几岁刚刚踏入社会的女孩，更是对未来的风景充满了幻想。但与此同时，自己的思想也会受到来自四面八方的阻挠，这时千万不能停滞你追逐理想的脚步。

20几岁的女孩子应该明白，只有你才是自己未来的主宰，也只有你才能为自己未来的美丽天空涂描画彩。如果你认定自己是对的，那么就放开一切勇敢地去行动吧，这样你才能成为自己命运的操盘手。

任何时候，不管居于哪个年龄层的女人都应该明白，绝对不能依靠别人的意愿来改变自己的生活，因为这种被动的接受，只会让你的人生变得更加糟糕。20几岁的女孩一旦确定了目标，就应该亲自去努力完成，这样才能得到成功的青睐。女人如果想要实现梦想,就要果断做出抉择,有够“狠”的心。

著名心理学大师南仁淑曾经说过："严格说来，那些实现了自己的愿望而过着安逸生活的女人，没有一个不是‘狠心’的，只是她们都善于伪装而已。”由此可见，要想得到自己想要的东西，除了让别人不影响自己以外，还应该有一种努力争取的精神寄托。

但是在生活中，我们常常很在意自己在别人眼里究竟是什么样的形象，从而总是依照别人的想法去把事情做好。如果我们总是按照这样一种思维方式前进的话，很快就会失去本尊和自我。尤其是在20几岁的抉择阶段，一旦左右为难，举棋不定，那么到了30岁时就会后悔万分。

可以肯定的是，你的选择绝不可能让每个人都满意。所以，当你自己认定这件事是对的时候，那么就走自己的路，让别人说去吧。只有真正认清自己，肯定自己，坚定地走属于自己的路，朝着既定的目标方向前进，你才能过上属于自己的幸福生活。

获得好运的概率对于每个女孩来说都是大致相等的，只是在选择时会因为一念之差而造成不同。通常那些“咬定青山不放松”、不因为一些外在因素而放弃的人几乎最后都是好运相伴。当然，必须要明确的是，你所选择要走的道路必须是光明的，合乎道德标准，并且已经有了正确的安排定夺。

人不可有傲气，但不可无傲骨。既然选定了目标，就不要理会别人的冷嘲热讽。乘着20岁青春的劲头，女孩子一定要勇敢地把自己的梦想付诸实施，以免到了30岁还要在忐忑不安中彷徨度过。

4. 让兴趣成为选择职业的第一标准

人生的真正意义就在于能做自己想做的事情。如果我们总是被迫去做自己不喜欢的事情，那么永远不可能拥抱胜利过后真正的喜悦。20几岁的女孩在初入社会时，一定要让兴趣成为自己选择职业的第一标准，这样才能有厚积薄发的动力。

在职场上，有不少人总是感叹自己的工作内容枯燥，而且思绪也总是无法集中。其实，这就是因为没有找到自己心灵的归属。古人云："知之者不如好之者，好知者不如乐之者。"兴趣对学习有着神奇的内驱动作用，能变无效为有效，化低效为高效。因此，如果能让兴趣成为自己最好的导师，自然就会在职场上风雨无阻。

安然出生于1983年，是一个典型的"80后"，不仅人长得漂亮，个人素养也非常高。因为以前老是听人说进大公司好，大公司有发展前途，于是大学毕业后，她就应聘进了一家全球500强企业做总监助理。

入职9个月后，她主动申请换岗，调到公司另外一个自认为更适合的岗位。可做了不到10个月，她又觉得枯燥无味，转而跳槽到了一家外资银行任部门经理，这家银行也是全球500强。工作一年半后，她的职业生涯遇到了瓶颈，因为公司换了一个管理风格与前任迥异的上司。安然说："前任是抓大放小、善于授权的管理风格；而现任是集权式精细化管理风格，我快熬不住了，因为在这样的环境中，我丝毫提不起任何干劲。"现在她又面临第三次跳槽。眼看着自己就要30岁了，却还没有定下一个目标来，这让安然很是着急。

实际上，一个人对待工作的态度，和他本人的性情、做事的能力有着密切的关系。对于 20 几岁刚刚步入职场的新人来说，初次选择一定要符合自己的能力标准，并且必须是自己心中所向往的职业，这样才能尽心尽力地做好本职工作。

20 几岁的女孩要明白，一个人所做的工作，就是人生的部分表现。而一生的职业，就是你志向的表示、理想的所在。所以，选择一份什么样的职业，就注定了你要奋斗的终生职业路程。而兴趣能真正调动起人的生命力，使人热衷于自己的事业而乐此不疲。古往今来，许多的成功人士，他们的事业往往萌生于青年时代的兴趣中，并且沿着这条兴趣之路开拓下去，才最终找到了自己事业成功的路径。

如果一个人对待工作总是应付了事，并且还抱有轻视的态度，那么他绝对不会取得事业上的成功。如果一个人认为自己工作辛苦、烦闷，那么他的工作也绝对做不好，因为他的悲观情绪已经阻碍了他人生的进步。一个人要想在事业上获得成功，需要有正确的引导，而兴趣就是推动人们主动去开拓进取的动力。

爱因斯坦曾说“兴趣是最好的老师”，这句话充分说明了兴趣在学习中的作用。同样，兴趣还可以使我们在工作和生活的过程中获得愉悦和快乐，而这些积极体验可以使我们始终保持良好的心理状态和热情，从而达到更高的工作效率，获得更好的工作效果。若用一种消极的心境去体味人生，看待人生，那人生便会成为一种折磨，一种煎熬。如果倾注自己的兴趣，释放自己的快乐，那么定会得到不同的人生效果。

20 几岁的女孩子，应该为自己制定一份严格的职业规划，让兴趣成为引导自己正确前行的明灯。因为只要职业与自己的核心兴趣吻合，那么枯燥的工作也会变得丰富多彩、趣味无穷，自然就会产生一种动力将工作做得更好。

5. 不早做人生规划，总有一天会饿肚子

岳飞在《满江红》里说过："莫等闲，白了少年头，空悲切。"如今有很多20几岁的女孩，总仗着自己年轻就是资本，常常沉浸在不慌不忙的玩乐中不能自拔。当他人为之摇头叹息时，她们却依旧是一副自得其乐的样子。

20几岁的女孩子，正处在最夺目灿烂的芬芳年华，但千万不要只把年轻作为资本，恣意享受青春带来的美好，却耽误了大好时光。如果不早为自己做人生规划，那么当青春逝去，三十大关来临时，就难免后悔莫及。

王娟和李丽是一对形影不离的好朋友，两个人都属于性格开朗的那一类型。

但自从大学毕业工作后，王娟觉得自己现在毕竟不是学生，而且都已经20多岁了，所以就收敛起了玩心，为自己的将来作认真考虑和打算。

于是，王娟很快报了一些职业基础课，下了班就马不停蹄地去夜校上课，可以说是抓紧一切时间积极地为自己充电。但是，相反的，李丽却玩心未泯，下了班就约同事一块出去K歌吃饭，周末也从不闲着，不是去逛街，就是去城市周边的景点游玩。而且她还总是不屑地说："我现在年轻就要玩，否则以后就没得玩了。再说，玩也能增长阅历啊。"

不久，王娟的公司举行了一次内部选拔考试，平常努力认真的王娟笔试非常顺利，随后被调到了自己喜欢的营销部门。两年过去了，王娟不仅升为了部门经理，还在工作过程中结识了自己的白马王子，结婚以后，过着幸福的生活。而李丽不慌不忙地玩到了30岁，但最终因为工作能力不足而在一次单位裁员中被淘汰了，这时的她才意识到了问题的严重性。

懂得享受玩乐固然没错，但如果把自己的大好光阴全部用来享乐，那以后的日子可就难过了。如果你不想后半辈子都为生计而奔波，那就赶快趁着年轻为自己做一份人生规划吧。

20 几岁已经不小了，周杰伦 25 岁已经是华语歌坛的巨星，韩寒 20 岁已经是家喻户晓的作家，丁俊晖 18 岁就成了世界冠军。虽然他们只是少数，但是他们的确存在着。他们的成功难道是在玩乐中获得的吗？当然不是，在同龄人还傻傻地玩时，他们就早早地为自己的以后做了打算和努力。

聪明的人几乎都知道，光阴短暂，时间有限，如果在这奋斗的大好时光里面，把大把的时间都花费在了玩乐上，将来得到的只会是无尽的悔恨。所以，他们会用更多的时间来为自己的人生做规划，然后一步一个脚印地去完成它，最终走向成功的殿堂。

少壮不努力，老大徒伤悲。20 几岁，是应该肩负起自己的责任，为自己的前途奔波着想的时候了。或许有的人因为对社会的恐惧而迟迟不敢踏入，但是每个人都要明白，人生不会总是伴着一路掌声、一路鲜花，总有雷雨交加、风驰电掣的时候。如果因为胆怯而放弃或退缩，那么你将永远不会站上人生的领奖台。

20 几岁的女孩子应该明白，任何一个人的成功，都需要两方面的结合。既要有远大的规划目标，又要扎扎实实地付出自己的努力，二者缺一不可。

所以，女孩们，迅速行动起来吧，把你们的勇气和胆量拿出来。为了使自己的人生更加绚烂，早点做出一番人生规划吧。千万不要等到 30 岁的时候，再来为自己的 20 岁忏悔，为自己曾经幼稚的思想哀叹。

6. 假如不打算独身，25 岁之后就别轻易说分手

女孩在恋爱时，总是动不动就拿分手说事，以为这样就能“镇得住”男人。但是当你超过了 25 岁，并且不打算将来独身的话，那么就要学会对“分手”两字说再见。25 岁以后的女孩子，切记不要再乱发小脾气了，要逐渐开始学会稳重和体贴，学会善解人意。如果因为你的刁蛮任性导致失恋，这对于 25 岁的女人来说将会是一场沉重的打击。

敏妲和男友已经相恋了 5 年，彼此都深知对方的脾气和习惯。27 岁的敏妲已经想好要嫁给这个各方面条件都不错的男友，但就因为一件小事，让她的美梦成了泡影。

一天，敏妲去男友的单位，没想到在单位门口就看见男友和一个年轻的女生一起走了出来，当时正是中午，两人很明显是去吃饭。醋坛子打翻了的敏妲一气之下掉头就走了。

晚上男友下班回家，敏妲黑着个脸，一言不发。男友觉得莫名其妙，也没多问，准备洗完澡出来再哄她。就在男友洗澡的时候，他的手机来了条短信，敏妲拿起男友的手机一看，是个叫闫娇的女人发来的。

男友出来后，敏妲问道：“闫娇是谁？”“哦，她是我们单位新来的同事，刚毕业。”男友如实说道。“今天你是不是就和她一起吃的午饭啊？”“你中午来我们公司了？我和她一起吃饭是因为我在工作上帮了她不少，为了答谢，她提出请我吃饭，再说一起吃个饭也没什么大不了的嘛。”男友显然并不在意。

“可她干吗老给你发信息啊？你看你手机上这几天都是她发的短信。”“她问的都是工作上的事，再说，你怎么随便看我短信啊！”男友面对敏妲的无理取闹有些怒了。

敏妲也火了，和男友大吵了起来，争吵中她提出了分手，没想到男友一口就答应了。后来，男友去了哥们家住，就这样稀里糊涂的，两人在谁也不肯让步的情况下结束了5年的恋爱。事后敏妲很后悔,就是因为自己的蛮横，才把这个自己喜欢的好男人逼走了。

虽然后来敏妲又交了几个男朋友，可总觉得没有以前的好，而且再也找不到想要结婚的感觉了。如今眼看就到了30岁的敏妲，对自己的未来越来越发愁。

过了25岁的女孩，已经过了可以洒脱地说“只在乎曾经拥有，不在乎天长地久”的年龄。如果你不想看着自己昔日一手调教出来的好男人，今朝成了别人温柔体贴的老公，那么就应该考虑如何将自己已有的感情维护好，怎样成功地与一个喜欢你而你也觉得不错的男人携手走进婚姻，而不是因为一时冲动，因为过于挑剔，而丢掉了眼前的幸福。

25岁的女性已经走向成熟，应该对自己的感情有一个确定的归属认识。两个人走到一起本来就不容易，更何况，有多少爱可以重来，又有多少人愿意等待？

25岁的女人，是时候开始严肃考虑婚姻的问题了，如果不想让自己成为众人眼中的“黄花菜”，不被当作“足球”踢来踢去的话，那么就不要轻易地提出“分手”两字。

7. 选择爱自己的男人，还是自己爱的男人

对于很多女性来说，选择一个怎样的男人才能相伴到老，是选择爱自己的，还是自己爱的，一直以来都是探讨中的热门话题。毕竟站在爱情路口的中央，向左走还是向右走总显得那么为难。

如今偶像剧中，女主角总是一厢情愿地喜欢着男主角，忽略了身边那个默默无闻却对她无微不至的男二号。可是，现实中爱情不等同于婚姻，或许你可以为了你心爱的那个男人飞蛾扑火，可是你能坚持无悔地为他付出一辈子吗？

红雪今年 33 岁，在朋友的眼中，她一直是一个敢爱敢恨的女人，但也正是因为当初她的“敢爱”，才让她对如今的婚姻充满了悔恨。

当年 24 岁的红雪高昂着头，对着自己最好的朋友说，她会为她爱的人付出一切，朋友们都很佩服她的坚定和勇敢。可是后来，当她真的爱了，并且做出了选择时，才发现自己爱错了人。郝斌是一个非常帅气的男孩子，但是却有着严重的大男子主义。可当时的红雪却态度异常坚决，义无反顾地扑向了自己所爱之人的怀抱，半年后，两人便步入了婚姻的殿堂。

婚后，红雪为他学会做饭，尽管她在家里的时候曾经是一个娇娇女；她也会跑很远的地方为郝斌买一件他最喜欢的礼物；她会在老公生病的时候，一直守候在床前。可她的丈夫在享受着这份爱的同时，却没有任何的感动。后来，红雪得知丈夫有了外遇。她才明白，当初只是自己的一厢情愿。那时郝斌刚刚和前女友分手，红雪用她的热情打动了郝斌，以为他从此会爱上自己。可如今当着情人的面，郝斌只是低头对她说：“对不起，我并没有爱过你。”红雪可谓伤心欲绝，从此对爱情和婚姻心灰意冷。

大多步入 30 岁年龄已经结婚的女性，都会深刻地认识到，婚姻并没有年轻时我们想象的那么美妙。或许，因为年轻，因为漂亮，因为冲动，每个女人都有过一段“生如夏花之烂漫，死如秋叶之静美”的幻想。面对那个心爱的他，很多女孩因为一时的浪漫情怀而忽略了对现实的考量，选择了自己想要付出的那段感情。

对于自己所爱的那个男人来说，你越爱他，从心底也就会越在乎他。当他回来晚了，你便会不停地拨他的电话；当他忘记你的生日，忘记你们的纪念日，你会伤心失落，责备他变了心；当他忙于发展事业，你以为他疏忽了你，不把你放在第一位了；当他应酬或者出差，你总担忧会不会有其他女人投怀送抱……

相比这些自己所要耗尽心力的付出，那个更爱你的人，却会时刻在意你的感受。当他晚回家或者电话没电，他会想方设法地通知你一声，让你安心；当他忘了你的生日，他总会内疚地做补偿，即便你不是很在意。由于他更在乎你，爱护你，就算他不能时刻把你放在第一位，也总是会站在你的立场思考问题。或许你不那么深爱他，但是却会被这一次次的做法而感动。只有男人多一份关心，女人多一份感动，这样的家庭关系才会更加牢固。

所以，还处在 20 几岁的女孩一定要好好地把握和选择。毕竟这是一个女孩今后一生所要走的道路，不妨选择真心爱你、肯为你付出的人吧，那样你的幸福婚姻之路才能更加长久。

第三章

多一点现实，就会多一点幸福

1.“玫瑰”很重要，“面包”更重要

曾经在一期婚姻访谈中有过这样一项调查，如果你的男朋友在婚前给你送玫瑰，请你吃饭，但是在结婚以后，他觉得太累了，要去掉一样，你会去掉哪一样？大多数女人选择的是送玫瑰。可见，“玫瑰”和“面包”相比，还是“面包”比较重要。

有人说：没有面包的爱情不是爱情。20几岁的女孩应该明白，其实爱情本身就是世俗的。一旦你真正地走进了婚姻，就是选择了一种柴米油盐酱醋茶的生活，而不是想象中那个种满了玫瑰的伊甸园。如果这时，还仅是把爱情当作生活的全部，那么这样的婚姻很容易就会岌岌可危。

秀娟今年23岁，谈了一个男友，他大学毕业后换了N个工作，可是始终都没有一个固定下来的。秀娟的家人都不看好这个男孩，但是秀娟却被他的甜言蜜语和玫瑰鲜花弄得神魂颠倒。她说：“你们怎么知道别人不行，我就是看好他。”两年过去后，男孩依旧和原先一样，不仅没有稳定工作，而且吃喝都要和秀娟两个人共同分担。可是秀娟不仅没有丝毫怨言，还与家人撕破了脸，搬出去和男孩同居了起来。

渐渐的，随着年龄的增长，秀娟觉得自己不能再耽误了，但是想到结婚，他们却连一个固定的住所都没有。秀娟有些急了，这个时候男友开始说秀娟什么都朝钱看。这样的爱情让秀娟不知所措，爱情对于她而言，似乎不像当初以为的那么美好了。

终于，两个人还是分手了。秀娟哭着说：“当初我太天真了，以为两人在一起，只要有爱情就够了。现在我才明白，一个男人如果真的爱你，那么一定也会为你准备面包。这样的爱情，才会牢靠。”

或许因为每个人的价值观不同，也有很多女孩，心中要的并非是什么都夹杂的高级“面包”。但是如果对方连一个普通的廉价“面包”都提供不了，那么在温饱都没有解决的情况下又如何来说爱呢？20几岁的女孩一定要明白，两个人在一起，仅仅靠爱情来维持是绝对不够的。现实永远都是爱情和婚姻的屏障。切莫因为一时沉陷在浪漫之中，便忘记了自己现实的道路该如何走。

梁山伯和祝英台的动人爱情，让我们久久不能忘怀，也常常让很多年轻女性陷入一种缥缈的幻想当中。可是，当走过单纯、青涩之后，到了真正成熟的年纪就会明白，其实再怎么伟大的爱情都只是人们生活的一部分，生活中又有谁能够真正的为了爱情而全然不顾其他呢?

如果真正地走进现实,走进家庭婚姻生活,你就会明白,原来没有“面包”真的不行。

俗话说,贫贱夫妻百事哀。虽然颇有争议性,但是却反映了现实的残酷。任何有保障的婚姻都是建立在一定的物质基础之上的，这是婚姻得以继续的营养来源。人都是现实的，婚姻也是一样，如果没有“面包”，即便两个人再相爱，也无法维持正常的生活需要。

所以,两个人在一起,仅仅有爱情是不够的,爱情需要双方不停地付出,需要双方朝着一个方向前进，而不是将爱挂在嘴边，不负责任地让大好时光白白流逝。“玫瑰”再美，也有凋谢的一天，而“面包”却是维系健康所不可或缺的。

20几岁的女孩，当你还焕发着青春活力，还能够有所选择的时候，一定要明白，爱情和面包只有夹杂在一起，吃起来才会更有味道。所以不妨带着面包去谈爱情吧，这样才会更浪漫，更甜蜜。

2. 问问自己到底想要什么样的生活

曾经在一本书上看到过这样一句话："你应该时常问问自己，我的梦想是什么，什么才是我应该去追求的，我应该过什么样的生活？"的确，对于20几岁的女孩来说，选择什么样的道路，也就决定了以后所要面对的生活。

恋爱中的年轻女孩,很容易把自己幻想成童话中无忧无虑的公主。可是，这种甜蜜一旦触碰到现实，被生活中各种琐碎的小事所打破，那么很快就会让人产生厌倦甚至厌恶。所以，成熟理智的女孩，通常都非常清楚自己想要怎样的生活。

相爱了一年，同是27岁的静云和谷力终于走到了一起。刚开始的时候，两个人过得和和美美。每天谷力下班后总会在第一时间回到家里照顾静云。为了不让静云感到丝毫寂寞，即便工作上正有要紧的事，他也会尽量放下工作回到家里。

可是结婚后没多久，静云便对谷力提意见了，说他把自己管得太紧，建议他应该把更多的精力放到工作上去，应该为事业拼搏，而不是天天围着自己转。谷力觉得有道理，于是开始改变自己，专心地投入了工作。

静云开始很支持丈夫，但是丈夫一次一次地晚归之后，静云又开始变得心焦气烦，有时还怀疑谷力外面又有了别的女人。其实谷力只是事业上疲于奔波而已，并没有像静云想得那样。两人开始不断吵架，最终使这个家庭走向了破裂。谷力实在想不明白，好好地照顾静云吧，她却认为把她管严了，说他在事业上不思进取。于是改变吧，却又说冷淡了她，成天多疑。天哪，静云到底想要什么？

在你的生活当中是否也有过这样一段时间？觉得一切都很迷茫，不知道自己身处何方，不知道自己到底在做什么，更不知道自己该往哪个方向前进，似乎看不到前方的目标。比如说甜蜜的爱情，让你完全迷失了自我；现实的婚姻，让你觉得越来越烦躁不安。

其实，每个人都会有一个困惑期。对于20几岁的女孩来说，只有弄清楚自己真正想要的，才能更加清晰地面对将来的生活。在现实生活中，有很多女孩子把恋爱和婚姻视为自己最为珍贵的艺术品，往往头脑一热，便陷入进去而混淆了自己清晰的思维模式，在还没有为自己的未来有所定夺的时候，脑子里已经一团浆糊了。

经常看电视剧的人可能会看到这样的情景出现，一些嫁入豪门的女子总是无限哀怨地对老公说："我不需要你去挣很多的钱，我只要你多抽出时间来陪陪我，你整天就忙于生意应酬，你在乎过我的感受吗？"那个为了事业家庭疲于奔命的男人于是仰天长叹："我这样做还不是为了这个家。"而一些贫穷的女子总是对自己的老公说："你怎么这么没出息，当初我真是瞎了眼会找到你。"那个劳累且费力不讨好的男人默默哀怨，同时也想我怎么当初也会找到你呢？

其实，对于婚后的生活来说，更大一部分责任在于每个人当初的选择。当你开始抱怨自己的生活时，请回想一下当初的自己，在婚姻面前，你是否想过将来的日子和自己将要面对的生活状况呢？

每个女孩子都要有一种未雨绸缪的准备，这不光是对自己以后的生活负责，更是对自己将来要面对的人生负责。婚姻生活是大多数人必经的一条道路，如果不能够为自己找到一条正确的道路，那么就会为随便出牌而付出巨大的代价，因为重洗一遍是要付出沉重代价的。

20几岁的年纪，正是意气风发的好时候，应该多问问自己想要的是什么，将来想要争取的是什么样的生活。如果你不负责任地就把自己的未来随便交付于人，那么等到将来哀怨并后悔不已的时候，没有人会去同情你的遭遇。

所以，当女性20多岁的时候，不妨想想自己以后到底想要过什么样的生活，有了目标，便不会走错了方向，幸福才会离你越来越近。

3. 勇敢面对现实，才不会在 30 几岁时错过幸福

很多女性到了 30 岁时会发现，当初自己看好的爱情，在生活的坎坷和诱惑面前，是那么不堪一击。但是事实往往如此，爱情和婚姻不一样，后者更为现实，所以与其到了 30 几岁后悔，那么 20 几岁的女孩不如现在就勇敢地揭开爱情的面纱，看看它隐藏在背后的本质。即使爱情不那么完美，也要学会去接受，总好过到时候后悔。

兰梦在大学的时候有一个很要好的女同学叫梦竹，回想起当年两个人的同窗生活，兰梦不禁感慨良多。那时候，她和梦竹经常一起侃人生。花样年华的两个人都对未来充满了期待。但梦竹的一段错误不现实的恋情却让她与兰梦的人生有了天壤之别。

兰梦怎么也没有想到，梦竹会结交一位大她13岁的男朋友。而且，那个“大男人”既没有出众的外表，也没有较高的文化修养，只是一个普通得不能再普通的打工者。可能是爱情太甜美，梦竹丝毫听不进任何劝阻，固执地相信一见钟情的感觉。她甚至不顾家人的反对，悄悄地和那个男人领了结婚证，连最基本的婚纱照和一个简单的婚礼都没办过，就这样黯然消失在同学们的世界里了。

在三年后的一次同学会上，兰梦终于再次见到了梦竹。只是她好像完全变了一个人，脸上不仅写满了沧桑，手里还抱着一个一岁大的女儿。在见到兰梦后，梦竹终于忍不住大哭了起来，原来那个男人不仅婚后游手好闲，而且还时常打骂她，当初的甜蜜犹如一阵风，她明显感觉受了欺骗。只是女儿已经一岁多了，梦竹陷入了极度的悲哀中。

对于大部分女性而言，婚姻实质上就像是一场赌注，一招不慎，满盘皆输。如果不面对现实，那么你可能就得不到你想要的东西。如果目光短浅，只看到眼前的甜蜜，为了爱情而不顾一切，甚至看不到某些爱情后面所隐藏的利刃，那么婚后你就只能被深深地刺伤。

生活在现实社会里，20几岁的女孩应该明白要想真正步入婚姻殿堂，就必定需要一定的物质基础作为支撑。在一项民意调查中显示，58.8%的男性和51.6%的女性都认为，"婚姻有起步价"，47.4%的女性和39.3%的男性觉得，面对婚姻，"没车可以，没房不行"。此外，7.3%的女性表示"不会考虑没房没车的男人"，11.6%的男性表示"没车没房，肯定不会向女友求婚"，所占比例均不算小。

或许你会惧怕那些现实撕开你正在编织的甜美梦境。可是，你要明白，如果现在你不能鼓起勇气去拒绝，去抓紧，那么等到青春一过，30岁来临时，你还能抓住什么呢？20几岁的女孩子天性单纯善良，并且总是强调保持自己的这种单纯善良不变。但是想要保持这样的单纯是需要基础的，因为你不可能出身就是"帝王家"，有诸多王子成为你的选择对象。所以，除开自己面对现实的选择对象外，你还必须去主动和别人见面，和幸福搭手。只有这样，你才能赢得最后的圆满，而这一切就是现实。

爱情需要浪漫，像童话那样美丽无瑕，但是童话中的公主可以不食人间烟火，而现实中的女人却需要穿衣、吃饭，要出得厅堂，下得厨房。婚姻是现实的，甚至有人觉得现实得有点残酷，但是这些问题都无可回避。如果你总是强调自己的单纯，就会错过一个又一个机会，甚至都看不到幸福擦肩而过的身影。

因此，20几岁的女孩子们，一定要好好地学习人情世故，正确看待即将面临的现实。任何时候，幸福都是要靠自己争取的，勇敢地面对现实，改变自身现在的状态，那么就不至于到了30多岁还在为了生存而疲于奔命。

4. 电视剧终归是电视剧，远离虚假的泡沫偶像剧

如果有人问20几岁的女孩最想去哪里，绝大多数人都会回答：韩国。理由呢？因为韩国帅哥多，还有浪漫的爱情……很显然，这是看太多泡沫偶像剧所造成的结果。在现实生活中，确实有许多女孩喜欢让自己沉浸在偶像剧情里，幻想自己像剧中女主角一样美丽幸福，事实上，她们已经中了泡沫偶像剧的毒而不自知。

这些往往都发生在20几岁女孩的身上，而对于30几岁的女人，她们已经对婚姻和爱情有了很透彻的洞察力，她们已经能够清楚地明白电视剧和现实之间的差别。那些电视里曾经感动众多女孩的白马王子和灰姑娘的故事，只可存在于懵懂的年纪里。20几岁的女孩子，切勿把虚幻当作了现实。

灵卉上大学时，因为喜欢长期猫在宿舍看偶像剧，因此被宿舍的一帮姐妹封了“偶像女神”的称号。也许是偶像剧看多了，那种追求浪漫、激情的情愫一直萦绕着她，从没有随着年龄的增长而有丝毫减少。灵卉时常对宿舍的姐妹们说，自己的白马王子不但要英俊潇洒，而且还要浪漫多情，另外每天早晨送她一束鲜艳的红玫瑰，每天晚上对她说无数遍的I love you 。姐妹们听后，爆笑不已，灵卉也常常不由自主地傻笑。

然而，让大家不解的是，毕业三年后，灵卉最后选择的老公却是个理科出身的“书呆子”，平常最多只会逗她开开心，和灵卉当初所想要选择的对象简直就是相隔了十万八千里。大家问其原因，灵卉只是淡然一笑说道：“干吗还提那个时候的事啊。自从毕业走进社会后，我发现现实就是找个可靠的人一起过日子。毕竟婚姻不同于恋爱，他虽然没有浪漫的语言，但却是一个

踏实的老公。我的工作是翻译，因为时差的缘故，有时候晚上还要去机场见客户，所以吃不上晚饭是经常的事，可是不管再晚，回家了只要一进门，就会看到桌上热了又热的汤，那个时候心里真是比吃了蜜糖还甜，这个时候哪里还需要几句什么甜言蜜语啊，这就是真心的感动。”看着一脸甜蜜的灵卉，大家的心情也跟着愉悦了起来。

其实，电视里的故事情节再好，男主角再如何优秀，它都并不是真实存在的。对于20几岁的女孩子来说，不应当再沉沦于这种虚假的童话气氛里了，它会直接影响到你的人生观与价值观。

聪明的女人绝不会花大把的时间沉溺在偶像剧里。因为那不仅是一种无知，而且还会对自己造成一种错误的引导。它们制造出来的假象，会让有些“中毒”至深的女孩很难从浪漫的恋爱走向婚姻，因为她们已经很难适应没有鲜花和蜜语而只有煤气单和水费单的世界。时间一久，不仅会加重她们的失落感，而且还会造成悲观厌世的情绪出现。

或许每个女孩都喜欢幻想，这本是无可厚非的事情。或许偶像剧能够给予你想要的白马王子，给予你一段美丽非凡的相聚，宝马香车可以随意任你开，你也可以想象自己是某个国家的公主。但是这个梦终究只可能是黄粱一梦，走不进现实。看看现实生活中，有哪个人整天什么事也不用做，却腰缠万贯的？有几个真正的幸福婚姻，如同童话世界般整日甜蜜缠绵在一起的，还不大多是家长里短中的平平淡淡。

是的，只要你看看周围就会发现，原来没有一个是和那些我们幻想中的世界相一致的。正因为它们只是人们脑海中所勾画出来的美丽图景，所以无法存在于这个世界上，最终不过是短暂灿烂的烟花一梦。

不要再让这些虚幻泡沫般的偶像剧影响自己对社会现实的判断了，或许这些剧情是源于生活，但是绝对不能把这个当作是沉迷的借口，也不能认为这就是认识世界和社会的窗口。社会很大，里面掺杂的东西可谓是无奇不有，如果不能正确地认识它们，那么你最终就只能被这些幻想遮挡了眼睛。

20几岁的女孩子，如果想要自己成为一个命好的女孩，那么就不要再花大把的时间沉溺在这些虚幻的泡影中了。只有走出这些幻境，清醒地看待眼前的生活，才能真正体会到婚姻中的幸福。

5. 不做“白日梦”，抛弃一切天真的想法

想象中，爱情似乎总是美好的，正如小说中所描绘的，被丘比特之箭射中是一件多么令人心神荡漾的事情。所以，几乎每个女孩子都会做一些“白日梦”，为此忘记现实，整日沉醉其中。

爱做白日梦不是一件坏事，起码它能让我们紧张的神经得到一定的松弛。可是如果把它当作向往的目标，那就大错特错了。对于20几岁的女孩来说，天真是好，可是切记不可太过天真，否则，你那绚烂的梦境必定会被现实击得粉碎。

红叶长得漂亮、可爱，还有两个深深的酒窝，单纯善良，很多人会把她当作洋娃娃。她特别会逗别人开心，几乎人见人爱。红叶的男朋友是一家外企的高管，有能力，长得也帅。当初两人通过朋友介绍，一见钟情，已经同居了两年，红叶也时常梦想着自己能够和如此优秀的人步入婚姻殿堂。

可是最近，红叶却常常躲在角落里发呆，谁接近她，她都会躲闪，朋友问她怎么了，她才说出实情。原来好几个闺蜜都要结婚了，看着她们幸福的样子，红叶也开始向往这种生活了。她很爱自己的男朋友，她确定男朋友的心里也只有她。但是尽管他对红叶再好，却总是不提结婚的事情。每当红叶跟男朋友说朋友们结婚的事，他都无动于衷。

这天，红叶从一个朋友的婚宴上回来后，就开始变得沉默了。红叶发觉和身边这个人在一起的喜怒哀乐，仿佛就像是一场梦，而如今梦真的要醒了，因为感情的天平已经开始失衡。第二天，红叶收拾了自己的东西，悄悄搬出了这个居住了两年的爱的小巢。

其实真正的爱，就是对方所要承担的责任，男人能给女人安全感的最好表达方式就是娶她。年轻的女孩子不要再给他找借口了，什么时机不成熟，什么房子还没定下来。他全心全意地爱过你吗？

20 几岁的女孩，不应该在自己的白日梦中整日沉睡了。难道你还看不清对方真正的心吗？难道你非要赔了自己的青春，赔了自己的一切，才能够真正从梦境中醒来？其实，现实生活中真正理想的爱情，和那些缠绵悱恻的爱情童话完全是两码事。如果你一味地沉醉于田园牧歌式的爱情童话，整天想入非非，并以此作为自己追求的模式，那么注定是个伤心的结局。

然而在现实中，处处可以看见那些还没有从童话般梦境中醒来的女孩，便已嫁为人妇。虽然爱人并不是理想中的王子，但是她却早已被对方的“迷魂阵”给眩晕了头脑，于是幻想中的生活由此开始。新婚之后，等到发现生活原来是如此现实之时，却为时已晚，梦境破碎，一切也再难重圆。

愿意娶你的男人不一定天天把“我爱你”挂在嘴边，他们总是能用实际行动来证明。在爱的天平上，再多的“我爱你”，也抵不过一句“我娶你”。这比你掰着玫瑰数“爱我，不爱我”的效果强多了。生活中，很多男人和你谈恋爱，却不一定爱你，他贪婪的是和你在一起的快乐和幸福感。时间长了，等到厌倦了，等到意识到他要承担责任的时候，他就会追寻一个更适合结婚的女人去了。

同时，女孩们也应当切记，即使爱情很美满，也不要把婚姻想象得那么美好。毕竟真正的爱情必须建立在现实的社会环境之上，而婚姻更是建立在一定的物质基础之上的。20 几岁，本该是多么美好的年华啊，一个女孩一生能有几个 20 几岁？所以，在这大好的年华里，不要再无谓地空想，耗费青春的本钱了。

20 几岁的女孩们，努力地奋斗吧，把做白日梦的时间放在自己的职业道路上，用这些时间好好整理自己面对未来的思绪，才能在 30 多岁时让所有的梦想一一成真。

6. 不要垂涎别人，适合自己的才是真幸福

有人曾经说过这样一句话：鞋子合不合脚，只有自己试了才知道。的确，对于婚姻而言，也是如此。毕竟那个穿鞋的人是自己，只有自己觉得脚穿着舒服，才能确定鞋子的质量与合适度，这样才能真正感觉到幸福。

20几岁的女孩，当身边的姐妹们一个个都走向了自己的婚姻，你是不是也有些动心呢？当被告知对方的老公关心又体贴时，你是不是也会暗中羡慕不已呢？是的，任谁谁都会心动。但是，心动只是一刹那，切莫一味地垂涎别人，而忽略掉自己手中的幸福。毕竟，幸福的温度只有自己才能感知。

葛菲有一个在外人看来十分美满的婚姻，并非是她的老公有多么优秀，而是因为她有一个懂得欣赏自己，全心全意爱自己的老公。

其实在结婚之前，这个男人并不是葛菲的梦中情人，但是他的温情打动了葛菲。葛菲是个喜欢浪漫的人，最受不了的就是婚姻在岁月的流逝中逐渐平淡，但她的老公似乎永远有着初恋时的激情，他们的爱情生活并没有因为岁月而变质。

有一次她过生日，丈夫在头一天夜里，一个人悄悄地爬起来在客厅里给几十个大气球充上了气，并在每一个气球上写了一句祝福的话语。第二天一早，当葛菲走进客厅时，被眼前的景象惊呆了："你是魔术大师啊？"丈夫紧紧地抱着葛菲，葛菲被幸福簇拥着……

虽然丈夫并不符合自己心中白马王子的形象，但葛菲却庆幸自己找到了这样一个人做丈夫，有了他，葛菲体会到了从未有过的幸福。

其实，每个人都有自己的生活，现在的你可能是单身，但是你一样过得很快乐。为什么非要向往别人的幸福呢？如果你觉得自己不适合单身，那么

当然可以选择结婚。但如果你只是觉得别人的生活也不错，那就不必急着结婚了。要知道，只有适合自己的生活才是幸福的，当然，对于别的事情也是如此。

所谓家家有本难念的经。也许在别人看似祥和美满的婚姻背后，藏匿的却是无人体味的辛酸处境。其实，任何一个过来人都明白，真正懂得婚姻真谛的人不是找那个最优秀的异性作为终身伴侣,而是寻找那个“最适合我的”结为夫妻。因为最优秀的那个不一定适合你，只有适合你的人才能与你共度一生，给你最多的幸福感。

其实两个人在一起，不是看对方多有钱，不是看对方多有能力，而是要看这个人能不能给自己带来幸福的感觉。也许你喜欢他的浪漫，也许你喜欢他的体贴，也许你们有共同的喜好，只要是与你能够合得来，就完全可以放心地嫁了。

20几岁的女孩们，不要再随意垂涎他人了，选择最适合自己的，才会感到幸福和安宁，才会得到自我价值被肯定的成就感，那样你才能真正地感受到幸福。

7. 人生有限，随时清空生命中的负担

曾经有人问过一个很简单的问题："一个已经装满的杯子还能装进水吗？"相信很多人都会说不行。其实，人心也是一样，当你紧抓着自己所重视、在乎的东西不放时，你也就很难再接纳其他东西了。

每个女孩的一生都会有很多欲望，比如爱情、金钱、地位……欲望过多在一定程度上给予了我们一定的压力和负担，可能有些是我们所必需的，但是有些对于我们来说根本毫无意义，如果过度追求，那么这些东西只会成为我们的负担，压垮我们的身心。因此，只有将心中的水倒空，随时清空生命中的负担，才能拥有更多。

女孩和男孩彼此相爱了三年后，就在两人快要结婚的前夕，由于一次意外事故，男孩离女孩而去。从那以后，女孩的世界不再充满光明，她把自己的感情世界彻底封闭了起来，日夜所思的都是已故的男友。女孩有一件裙子是男孩生前送给她的，自从男友走后，女孩就经常穿着它。

可是有一天，女孩突然发现裙子上面的三颗水晶扣掉了一颗，她责怪自己不小心，几乎找遍了城市中大大小小的商店，希望能够找到一颗相同的水晶纽扣，可是让她失望的是，一直到最后女孩还是没找到。女孩失望地回家了，一个人在房屋里独自哭泣，仿佛男孩被自己遗落在了某处一样。

好几天过去后，女孩怎样都提不起精神。她的母亲看到精神如此不振的女儿，于是就劝说她不如舍弃剩下的两颗，重新再缝上三颗漂亮的扣子。女孩听从了母亲的建议，并且找到了更加漂亮的三颗扣子，而这三颗扣子也让裙子有了别样的风采。女孩看着漂亮的裙子，突然有了一种从未有过的感觉。第二天清晨，当阳光洒进小屋的时候，她终于顿悟了，很快便走出了房屋，

决定开始新的感情。

一个人的一生总是会有得有失，有成有败，生命之舟本来就是在得失之间浮沉。美丽的机会人人想要珍惜，然而却并非我们都能抓住，错过了的美丽不一定就值得长久遗憾。生命是有限的，如果我们常常背负过重的人生包袱行走，那么很快我们就会被压垮，最终会深感后悔。

20几岁的女孩子，处在花一样的年龄，应该努力让自己多向着阳光活出灿烂，应该清楚地知道自己所要追求的东西。如果经常为爱情、金钱和地位而烦恼，那么又怎么可能会过得幸福呢?

一个真正懂得幸福的女孩，身上绝对是零负担感的。她会随时为自己清空生命中的负担，随时让自己能够更好的轻装上路。要想拥有一个简单快乐的人生，我们就应该学会拒绝没有必要的干扰，学会快乐和幸福。有时候放弃不仅是一种勇气，更是一种智慧。所谓舍得，有舍才有得，放下欲望的沉重包袱，我们才能轻装上阵，在人生的道路上步履如飞。

试想，一个女人的一生能有多少如花的年纪，只有善于舍弃生命中不必要的负重，才能让自己承担起未来更重要的事情，才能让自己更好地去体味20几岁的春风洋溢，自由自在荡漾在自我的天空中。

20几岁的女孩，你心中是不是有着太多的欲望，是不是越来越觉得身心疲惫不堪？如果是，那么就请适时地放下吧。清理掉心中的垃圾，才有更多的空间来容纳周围更加美好的事物，只有带着这些芬芳上路，你的人生才能更加精彩。

第四章

20几岁女孩，要做一支红酒而非一瓶啤酒

1. 女孩因修养而富有魅力，而非漂亮的脸孔

看过世界小姐选拔大赛的人几乎都知道，最终荣获冠军的人，并不仅仅只有美丽的外表，更重要的是她的修养和内在。一个女人即便有着“沉鱼落雁之容，闭月羞花之貌”，但如果满口脏话，而且言行举止让人生厌，那么只能称之为漂亮，却算不上魅力女人。所以，女人在注重自己外表的同时，也应该提高自己的修养，这样的女人才让人欣赏。

虹英是一家刚上市公司总裁的秘书，因为人长得漂亮，所以不管走到哪里都是办公室一道明亮的风景线。有一次，公司在某酒店设宴款待客户，所以当天公司经理级别以上的领导都早早到达宴会厅。

本来作为主办方的人应该要比客人先到，这是一种礼貌和尊敬。可是虹英似乎已经习惯了在公司“恃宠而骄”，居然大大方方地迟到，而且连一句致歉的话也不说。让人无法理解的是，来到现场以后，她居然挑了一个清静的座位就开始旁若无人地为自己补妆。更让大家目瞪口呆的是，就餐的时候，虹英竟然众目睽睽之下拿着筷子夹起一块牛排，直接塞进嘴里，大口地咀嚼起来。

总裁秘书的言行举止如此之差，弄得原本要签合同的客户立马改变了主意。他们认为，一个公司的秘书就是一个公司的形象，即便再漂亮，但是修养太差也不行，说明这个公司有可能也如同这位秘书一样只注重包装，而不注重内在。所以，客户立马取消了合同的签订。理所当然，虹英也立马被开除了。

修养是一种自然存在的美，一个人无论在任何时间、任何地方，显露出

的任何一个细微的动作，任何一句充满性情的话语，只要用心去感受，都是心灵深处靓丽的角落，体现着心灵深处的优雅。一个有魅力的女人，她的外貌或许并不是最出众的，但是气质一定是独一无二的。一个再漂亮的女人，如果举止不文雅，也会损害自己的形象，难以受到他人的欢迎。

20几岁的女孩应该明白，即便再年轻漂亮的面容也会随着岁月的流逝而渐渐老去，再纯真的心灵也会因为世俗的沧桑而改变对这个世界的看法，但是唯一能不被岁月改变的，唯一能经得住岁月沉淀的，便是女性成熟的魅力。有人曾经说，女人的魅力如同好酒，越陈越香。一个优雅大方的女性不管经过岁月怎样的改变，依旧可以活得光彩夺目。

国际巨星张曼玉曾经被视为优雅、尊贵的女人典范。在接受记者采访的时候，记者问她保持优雅、让自己时刻尊贵的秘诀是什么，张曼玉坦然地告诉记者："一个成熟的女人是最优雅的。而尊贵气质是一种经历，一种沉淀，是一种由内而外的东西……"在张曼玉看来，女人不仅要在礼仪、修养方面多多注意，还要保持女人在言行举止上的自然与纯朴，只有顺其自然地待人接物，才最能展现女人的优雅与尊贵。

一个内涵丰富、无论何时都极有修养的女性，能够永远活得潇洒从容。不管走到哪里都是举止得体，优雅大方，举手投足都让周围的人心生爱恋。有修养的女性从来都是善良的，她们以自己的行为为典范，时刻影响着周边的人，让身边的朋友都会为之倾心。

其实我们身边的优雅很多很多。优雅是一种从容，一种认真，一种热情，一种厚道。

20几岁的女孩应该明白，一个女人可以不漂亮，可以不美丽，但是绝对不能没有修养。修养无关乎岁月的洗涤，无关乎世间一切的变化，是一个女人由内而外的魅力体现。

2. 魅力之王戴安娜王妃给我们的启示

英国王室最为著名的王妃戴安娜，曾经是一个既无赫赫功勋，又无高学历的女人。她的去世让许多人为之恸哭不已。究竟是什么让人对她如此怀念呢？有人说，由于她的非凡经历；也有人说，因为她的王室地位……其实，在大多数人眼里，知性美才是戴安娜的真正魅力所在。

戴安娜出身于贵族，父亲曾经担任过乔治六世和当今伊丽莎白女王的男侍，尽管如此，她却依旧像一名普通少女一样，做着普通人的工作。她当过幼儿教师，也曾经打过很多工，这些经历，让她具有了更多同情心和善良心。

无论是个人风采、气质，还是外表，戴安娜王妃都有许多迷人之处，独具魅力。然而，真正使她得到广大平民爱戴的重要原因，是她接近民众的形象和积极从事公益活动的行为。她走出王宫，贴近民众，使自己在美丽之上更具有仁爱之心，而她的成熟与魅力也在这举手投足之间展露无遗。

生活中的戴安娜，一点也没有王室成员的架子，她不仅言而有信，说到做到，并且还乐意从事各种亲民活动。正是这种平易近人的风采，显示了她自身的魅力和影响力，拉近了王妃与平民百姓之间的距离。

著名的英国坎特伯雷大主在戴安娜去世时曾经致悼词说："感谢她的平易近人，感谢她那么富有魅力与同情心。我们怀念她的笑声。她用自己的温暖点亮了许多人的希望。她可贵的品质和同情心使她富有魅力。"戴安娜这种独特的迷人魅力将长远地被人们所怀念。

戴安娜把那种天然的知性美带给了大家，正是由于她举止高雅、谈吐得体、心地纯正，所以才会有那么多人为她着迷。戴安娜这种浑然天成的魅力首先表现在气质上，虽然身为王妃，但她没有那种贵族的架子，有一种美丽的优雅风度。

一个人如果内心不存在优雅，那么不能算是真正的优雅。当然，这不是一天两天就能拥有的，也不是能够随意模仿出来的，优雅是一种恒久的魅力，它是一个女孩文化和素养的积累，是修养和知识的沉淀。优雅大方的女孩，总是让人觉得赏心悦目。

戴妃至今仍然活在英国人的心中，也得益于她总是和蔼可亲。由此可见，亲和力也是让人倍感舒心的一种素养。但凡有教养的女孩通常都不会高声说话，她们总是缓缓地说出自己的意愿。所以，无论你遇到多么生气的事情，都不要大嗓门。说话有条理、有逻辑，再加上柔美的声音，一定能让你成为众人的焦点。

戴安娜曾经把施爱于人看作是责任和义务，并尽心去做。她留给人们的是一个美好的形象。正因为如此，她死后，人们称她是“人民心中的王后”。为了能在吊唁簿上签名留念，人们不惜等上五六个小时，长长的人流中，有坐着轮椅的残疾人，也有推着婴儿车的妇女。为了能在戴安娜王妃葬礼上看她最后一眼，人们不惜忍受奔赴伦敦、露宿街头之苦，早早地聚集在伦敦等待着这一天……

戴安娜并没有因为自己是王妃就自命不凡，清高待人。女孩们在举止高雅的同时，也要有一定的亲和力，表现得知性并且优雅，那么你一定会成为众人瞩目的对象。

3. 不管在任何场合，都要保持应有的涵养

歌德曾经说过这样一句话：行为举止是一面镜子，人人在其中显示自己的形象。如今是一个以美女为主流的时代，在大街上放眼望去，女孩子个个装扮得花枝招展，外表漂亮。可是只要细心观察，就会发现某些亮丽外表下的真实景象，有些人很快暴露了粗俗。

20几岁的女孩，或许漂亮是你的资本，但是涵养能够将你衬托得更美。外在的美丽的确很重要，但是高雅的谈吐、优雅的举止等内在涵养的体现，会使你不管在任何场合出现，都让人眼前一亮。

芳茵今年25岁，是一家外资公司的文案策划，平常因为工作忙，而且压力大，所以她从来都不大注重自己的言行举止。因为平时的文案很多都来源于实际案例，所以她常常觉得自己应该多学点东西。每逢休假或者周六日的时间，她总会去图书馆借阅书籍。渐渐的，除了自己的专业书籍外，她也开始大量阅读很多关于女性心灵的书籍。通过阅读这些书籍，她的性格也开始慢慢发生了变化。

以前芳茵只要情绪低落或者工作上有了问题，就会很暴躁。而自从接触了这些书籍后，她觉得整个人变得充沛起来，自己也变得更加有素质和涵养了。例如，以前芳茵每次上班总是要挤公交车，如果碰上有人不小心踩了她的脚，情急之下便会出言不逊，但现在她会在别人说"对不起"之后，淡淡地回上一句"没关系"。当周围的同事和朋友发现她的变化后，非常惊讶，她却只是坦然一笑道："素质涵养可是要放第一位的。"

的确，一个女人可以长得不够漂亮，但是只要具有端庄优雅和彬彬有礼

的举止，就会给人一种舒适的感觉。正是这些含蓄的美，让她们看起来更加清雅而且温润动人。涵养举止是女子应该学会的最基本的礼仪典范，它自始至终都体现着一位女性自身的形象和气质。

生活中，任何一个人的言行举止都反映了一种身体“语言”，真实地反映出了一个人的素质、受教育的水平以及被人信任的程度。那么20几岁的女孩究竟应该怎样做，才能算是有涵养、有气质呢？

首先，要充满自信。

一个充满自信的女子，不管在哪里都是朝气十足的。不管在任何时候，她们的精神状态总是最好的。自信能够让女人更加容光焕发，在这个处处充满竞争的社会，要想活出自己的气质，自己的特点，那么就要把自信放在首位。

其次，要学会高贵。

请大家明白一点，这里所指的高贵，并非一定是要出身显赫，这里的高贵是如同奥黛丽·赫本一样优雅的高贵，高贵并不总跟声名显赫沾边。女人要随时保持一种高贵，才能活出一种优雅，那么自身所包含的涵养就表现出来了。一个女人如果能够做到不媚俗、不盲从，那么也就活出了真实的自己。

再次，要善意通达。

善解人意可谓是体现女性独特魅力的关键一点，一个有涵养的女人必须具备温柔的气质，这样才能赢得更多人的喜爱。但凡聪明乐观的女人都会让自己的心灵变得更加通达，让自己在一种生活的平淡中走向坚韧和平和。

最后，做事要有主见。

一个做事有自己独到见解，有一定独立性的女性，其素质涵养一定不会太低。她们往往能够把事情做得麻利顺手，能让自己活得更加精彩。涵养是不附庸他人，也不随波逐流，是一个女人能够体现出来的个人风采。

4. 酒吧、夜场能不去就不去，放纵只会让你失去美感

酒吧、夜场这些听起来充满暧昧色彩的场合，对于一个高素质的女孩子来说，应该是一种禁忌。一个有教养的高贵女性，再怎么心情不好，也不会随意在这种地方肆意放纵自己。但是在如今这个开放的年代，却有不少20几岁的年轻女孩总觉得趁着自己年轻，随意放纵一把也无所谓。

聪明的女人都明白，放纵只是堕落的开始，而且这种放纵并不能带来心灵上的真正解脱。但凡积极向上的女性，绝对不会因为一时的悲观失望就往这些烟酒迷乱的地方跑，她会通过其他适当的方式来放松自己的心灵。

丽姿最近的心情很差，原因很简单，刚刚和现任男朋友分手，而分手原因是因为她太过任性。郁闷至极的丽姿发誓，下一个男朋友一定要超过现在的这个男朋友。

而恰好在这时，丽姿以前的几个好姐妹打电话过来相约去酒吧玩，想顺便帮丽姿换换“思想”。刚开始，丽姿是不想去的，但是想到常听好友们说酒吧的艳遇便心痒痒了，转而再想到刚分手的男朋友，她更是气不打一处来，很快就答应了。果不其然，当她们一行在酒吧里发泄情绪的时候，她遇到了一个比前男友帅很多的帅哥，而且火热地爱上了他，但是帅哥一点也不喜欢她，一直都是冰冷的态度。但是令人惊讶的是，就在两人认识不到两个月时，她居然就和那个冰冷的帅哥结婚了。

可是新婚一个月后，等丽姿弄清了事实，立即傻了眼，原来那个帅哥一点都不喜欢丽姿，他只是想借结婚来气气当初的女朋友。虽然丽姿很爱他，而且还花自己的钱买房买车，但是在别人看来，丽姿就跟养了个小白脸差不多。尽管丽姿表示自己十分喜欢他，但是帅哥就是不理她。最后丽姿不仅赔

进了青春，而且还不得善终。

中国人都是比较传统的，尤其在对待私人生活的态度上更是如此。任何父母都不希望自己的女儿是一个天天泡在酒吧夜场里的女孩，这样的女孩也不会获得稳重成熟男士的青睐。因为他们都明白，一个真正有修养的女孩是绝对不会因为心情不好就放纵自己的，否则就是一种消极的自暴自弃。

人生不如意之事可谓十之八九，但放纵自己只会让自己陷入更深的迷途，让生活变得更加糟糕。对于生活中让我们心情低落、郁闷的事情，关键是我们自己要能够正确地把握，要有一种积极向上、走出困境的正确心态。

有些时候，我们会无缘无故地觉得心情低落，觉得人生无趣，找不到自身存在的价值。那么这时一定要学会调整好自己的心态，不要轻易地否定自己。很多时候，我们都是被自己打败了，总以为眼前的这道坎肯定过不去，其实不然，等你过后回头再看那个困难，会觉得那竟是如此微不足道。

所以，不管在任何时候，我们都应该学会调整好自己的心态。只有将自己的心态调整好了，才能够在心情低落、郁闷的时候，不放纵逃避，而是直面问题，积极寻求解决问题的方法，才能不让自己因为深陷酒吧、夜场而做出一些会后悔的事情。试想一下，在酒吧中，一个为了发泄情绪而孤独愁闷的女人，在一只高脚杯中放纵自己，那会是一种什么形象呢？女人的高贵、美丽在此刻已不存在，人们看到的是一个处处买醉的堕落形象。

20几岁的女孩子，像酒吧、夜场这样的场合就尽量不要再去了。过多的放纵只会让你失去身上的美感，让你无法面对生活的实际问题以及还未解决的烦恼。只有学会珍惜自己、爱护自己，你才能走出阴郁，迎向下一个朝阳。

5. 不分场合的天真和发嗲就是傻子

如果说演艺圈谁最会发嗲，那绝对当数台湾名模林志玲，她的招牌“娃娃音”，让众多男人为之折服。但值得注意的是，林志玲的嗲并不是不分场合地使用，她会在颁奖典礼上嗲到让梁朝伟拥抱，也会在拍《赤壁》的时候努力克服自己天生的娃娃音，表现出她的职业素养。

但是，现如今有很多年轻的女孩子却不懂得发嗲的分寸，让人听了只是心里觉得难受。20几岁已经不是那个可以扑在父母怀里任意撒娇的小女孩了，如果还不分场合表现自己的天真，那么不仅是一种失礼，而且也过于幼稚了。

陈丽是个很天真的女孩，和人交往时向来都很坦诚，工作中也不会用什么手段和心计，男友以前总是说怕陈丽以后会吃亏，可她自己倒不在乎。

可是最近，陈丽觉得男友对自己的“天真”越来越不满。男友的妈妈病了，陈丽去医院看望，一进病房就问：“阿姨，这几天感觉好点了吗，病情没有恶化吧？”其实陈丽是真的想关心男友的母亲，可就是说话太过直接。这话一说出来，弄得气氛很是尴尬。

工作也不是很顺心，明明是陈丽辛辛苦苦做出来的策划，却被同事抢了功。更让男友生气的是，朋友盛情邀请他们去家里做客，陈丽居然因为一道菜差点和人家吵起来，他们走后，男友还特意给朋友发信息，说陈丽不懂事，不要和她计较。

这样的事情多了，男友渐渐觉得陈丽不适合自己，虽然她各方面的条件都不错，但他还是决定分手，重新找了一个成熟的女孩结了婚。

20 岁的女孩没有 30 岁女人的知性，没有 40 岁女人的风韵，最珍贵的就是那份纯真，也只有在这个年龄段才能肆意发嗲，但是如果不注意场合，就会变成反作用，让人避之唯恐不及。有人曾经说过：不分场合的天真和发嗲就像白痴。这句话虽然有点苛刻，可是如若放在实际生活中，也的确如此。要知道，适时地展现你的天真可爱，让行为举止与当时的场合相协调，才能让自己人见人爱，千万不要随意做一些标新立异的事，否则容易弄巧成拙。

学会逐渐成熟稳重起来吧，不要让自己沉浸在那些天真可爱的幻想中，让自己早日成熟起来，才是真正的识大体。20 几岁的女孩，请适时收起你的天真，适当地注意你所在的场合。否则，在别人的眼中，你就是一个肆意发嗲的小丑。

6. 约会故意迟到，其实不能给你增分加码

德语中有一句话：准时就是帝王的礼貌。但是放眼现在，“迟到”似乎已经成了一种都市流行病，特别是在情侣之间的约会中，不知从什么时候开始，女孩便喜欢用这么一条“约会迟到的艺术”来测试男友的耐性和对自己感情的可靠性。或许有的人脾气好，能够强忍内心的不满，但是一旦迟到的次数多了，那么非但达不到测试恋人的目的，反而会使你们的感情岌岌可危。

不管任何时候，我们都应该明白，守时不仅是对他人的尊重，而且还是自我涵养的体现。生活中，无论是和谁约会见面，如果没有特殊情况，女孩们一定要记得准时到达，这样才能给对方留下好印象。

王润有一个让人头痛不已的女朋友。有一次，王润约女朋友早上九点出来吃早点，可是等王润到了半小时后，手中的早报都快翻烂了，还是没有见到女朋友的踪迹。他明白，有可能是女朋友又赖床了。于是，王润打电话过去，事实上女朋友还在梦乡之中，但是却在那头含糊地答道快到了，只是塞车。

还有一次，女朋友更过分的是，整整迟到了两个小时，王润说好了准时去见自己的父母，可是女朋友左拖右拖，等到父母在那边已经把午饭做好了，女朋友还没有从公寓下来。这次王润可是发了顿大脾气，本想着这以后女朋友会收敛一点，可是她依旧我行我素，王润左思右想，最后终于因为受不了她的拖沓而提出了分手。

20几岁的女孩子，应该有一定的时间意识了。不守时不仅是一种恶习，而且还会给你的生活和人际关系造成一定的尴尬。尤其是对于处在恋爱阶段的人来说，更要注意守时，否则对方很可能在焦躁的等待中看低你，甚至还

会阻碍两人的恋情发展。

或许有很多女孩会有这样一种心理：迟到一会儿，让别人等，才能体现出自己的重要性。但是别人会这么想吗？难道早到的人就不重要了吗？不能严格地遵守时间，是对一个人信誉和完美形象的严重破坏。所以，千万不要故意迟到，即便是真的因为什么事情在路上耽搁了，也要事先给对方打电话告知，并且有礼貌地道歉。无论任何时候，守时都是一种真诚的态度，一种个人素质的体现。

在西方国家，守时一直都被看得非常重要。尤其是双方已经约定好时间的情况下，如果不守时，那就是一种非常失礼的行为。通常情况下，他们会提前五到十分钟到达目的地，以便对方能够更快地找到自己。特别是在一些餐宴中，客人一般都会提前到达宴会主厅，等待主人的正式开场。

有人曾经说过这样一段话：男人比女人守时；有文化的女人比没文化的女人守时；成熟女人比不成熟女人守时，这几乎已是一种规律。可见，但凡守时之人，通常都是有文化素质修养的人，而且他们通常都十分在意对方的感受。

我们可以试想一下：如果一个人跟你约好了时间，他人却没到，你会怎么想？你是否会觉得自己有一种被轻视的感觉？同样如果你这样对待别人的话，那么对方也会生出同样的感觉，这样的结果难道就是你想要的吗？所以我们应该养成如下守时习惯：拜会、会见、会谈等活动应正点准时到达；参加招待会、宴会，可正点到达或略早二三分钟；对于特别正式、隆重的大型宴会千万不可迟到；参加会议或出席文艺晚会等，应提前到达。早到等于守时，但也不要早到很久。现实总有太多意外，搭车会迟，等电梯也会迟，所以时间一定要充分预备。

20几岁的女孩子应该明白，守时是一种美德，是一种修养，是信誉和礼貌的体现。另外，准时只是下限，早到5分钟才是守时。做一个守时的女孩，在得到别人尊重的同时，也会给别人留下一个好印象。

7. 别以为粗俗的流行的口头语很潮很时髦

在如今街头迅速流传的口头语中，大多都是出自网络流行语，由于网上纷繁复杂，什么人都有，所以难免带点粗俗的脏字。这些流行的口头语或许有的听起来很时髦，但是对于一个20几岁的女孩来说，这些话究竟该不该讲，就要特别注意了。

俗言道：言为心声。一个女孩一开口，人们就能够大致了解到她到底有没有涵养。一个人说话的方式、语气及内容都是修养的重要表现。如果稍不注意，可能就会给人留下没素质的印象。尤其是对于女孩子来说，不要以为粗俗的流行口语很时髦，这些话很可能让你丢掉原本的美好形象。

吴欣是位女老板，刚为自己配备了一辆高档轿车，自然要找一个司机，可公司的司机都是男性，吴欣觉得不大方便，于是又新请了一个年轻的女司机。女司机大概20多岁的样子，长得白白净净，是一个四川女孩子。女孩子看起来活泼大方，而且记路很快，但是工资却要得很低，为此吴欣暗暗高兴。

上路后，吴欣发现女司机虽然车技不算很好，但是对路况很熟悉，人还勤快，所以也就没多说什么。一个月后，吴欣便开始有点不大乐意了。原来这个女孩子来城市没几年，却学了一口地地道道的粗话。有一次，车刚好停在了某个路口，和一个刚从小道上冲出来的车差点撞上，这个女孩子马上骂了那个男司机一句："我靠，我x你老母！"那个司机摇下车窗一看，原来是个年轻漂亮的小姑娘，不但没怒，反而嬉皮笑脸。

吴欣在后座听到女孩和对面司机的话后，立马有点不舒服。她告诉女孩子小小年纪不要学粗话，可是女孩根本听不进去。后来由于吴欣经常要带司机去见重要客户，又怕她给客户留下不好的印象，于是便辞退了这个年轻的女孩。

会说一些流行语的女孩子一般都性格开朗，追求时尚，但是跟风是要有选择性的，像那些非主流的服饰、带脏字的口头语就不要盲目地追赶模仿了，它只会破坏你的美好形象，更有甚者会影响你的工作。

一个说话有礼节、多而不乱、少而意明者才是真正有涵养的女人。相反，言谈太随意、口不择言、只顾自己夸夸其谈，喜欢打断别人、不顾别人表情感受、说话没有重点、不分时间地点场合者，可知其涵养不高。只要我们留心观察一下周围就会发现，但凡那些有涵养的女孩，不仅言语亲切温和，态度也文雅大方。

或许，在某个特定的时期或阶段，人们总是会创造出一些有意思的词语，如KAO，哇噻之类。甚至有时还会来点洋文伴酷，什么SHIT, FUCK之类。可是，20几岁的女孩要明白，这些粗鲁的字如果老是随意挂在口上，那么就会降低你的自我身价。

一名女性一定要远离这类低俗粗鲁的话语。一句粗话会让一个衣着端庄、容貌秀丽的女士形象顷刻之间大打折扣，让人忘记了她所有美好的东西而只记住这句粗话。尤其对于20几岁的年轻女孩来说，粗鲁的语言一旦说多了，就很容易形成习惯，如果在一些重要场合从事工作，稍不注意自己的言行，那么此时就可能会做出失礼的行为。

所以，20几岁的女孩子，别以为粗俗的流行的口头语很潮很时髦，这种幼稚的想法应该随着年龄和社交能力的增加而减少。只有学会礼貌用语，才是对他人和对自己的尊重。

8. 君子慎独，女子更要慎独

中国有句古语：君子慎独。大意是说，君子不管在任何时候，都要注意自己的言行。其实在生活中，并非只有君子慎独，作为女子来说更要学会慎独。尤其是对于20几岁的女孩来说，更要学会管住自己。20几岁时自控能力不是特别强，不像30岁时那般成熟稳重，所以这个阶段一不小心就会因为不自律而犯下严重的错误。

尹莉莉今年23岁，刚刚大学毕业。毕业后应聘到了一家建筑公司工作。原本让大家很羡慕，却因为一件小事，尹莉莉还没过试用期便被公司给辞退了。

原来，大学时尹莉莉就喜欢吃零食，而且是那种特别管不住自己的人。如今进入职场后，公司已经明确规定了，工作期间员工一律不许吃零食。这天，刚好公司的一个重要项目组开例会，由于尹莉莉是新人，也没参与，便一个人留守办公室。这下可好，她见四处无人，馋虫又犯了，居然大着胆子把自己偷偷带来的薯片等零食一股脑儿全放到了办公桌上，一个人开始在那里大快朵颐起来。会议开到一半，经理突然想要看看近期的合同资料，所以两个同事返回办公室拿资料，一眼就看到尹莉莉正在那里吃得不亦乐乎。而尹莉莉鼓着腮帮子想要藏都来不及了。

更没想到的是，技术部的经理随后也跟了进来找刚刚的两个同事，一下就看到了尹莉莉的样子。第二天，尹莉莉收到了公司的辞呈，而且辞退理由很明白：一个连自己都不能管束的人，怎么能够接任以后领导不在场的工作呢？

有不少女孩子在生活中可能都会有这样那样的坏毛病，这些小毛病看起来也许并不会影响你的整体素质，但是如果长期不改，可能很快就将你的约束力和自制力给磨光。到时候自己完全没有自控力，就很容易做出一些失态的事情。

澳大利亚有位婚姻专家曾经说过，女人管住男人无非有四种方法：一种是管住男人的胃；一种管住男人的钱；一种是管住男人的人；最后一种是管住自己。使用第一种方法的女人最善良，使用第二种方法的女人最狡猾，使用第三种方法的女人最不明智，使用第四种方法的女人最现实也最智慧，因为她们为自己而活，为自己的快乐而快乐，善于经营婚姻，但不把自己的生活和一切全押在婚姻上面。

其实，慎独作为一种自律的方法，每个人都应该学习。慎独是一种情操，一种修养。一个女孩子是否能够自律关乎自我修养和自我约束的问题。

如果一个人做到了自律，那么成功一定离你不远。比如，别人看电视、看电影的时候，你能否去工作？别人娱乐的时候，你能否去学习？别人睡懒觉的时候，你能不能早点起来？这一切，就是你必须“强迫”自己付出的成功代价。

20几岁的女孩应该清楚地明白，不能自律的人迟早是要失败的。其实很多时候，自律是人生的一种快乐，女孩子只有自律、自重、自爱，才能最终找到属于自己的幸福。

第五章

想成为什么样的人，就和什么样的人交往

1. 和什么样的人在一起，就会成为什么样的人

正所谓：画眉麻雀不同嗓，金鸡乌鸦不同窝。根据科学家的调查发现，人是唯一能接受暗示的动物，这是潜移默化的力量和耳濡目染的作用。

有句话说得好：你是谁并不重要，重要的是你和谁在一起。一个人的成功，很多时候与周围的人息息相关。我们和什么样的人在一起，受其影响，慢慢就会变得与那个人一样。20几岁的女孩子，如果想要获得成功，那么就要和成功的人或是有共同目标的人在一起，这样你才能离成功越来越近。如果你想成大事，却整日和一个懒散的人在一起，日久天长，你也会变得散漫。

大学毕业初入职场时，古兰选择进了北京一家外贸公司做文员，由于文员不怎么接触外界，常常就是办公室的那两个人，于是本来就腼腆内向的古兰更加不善于交际了。后来，古兰得知同自己一起进入公司的同学张鹏已经在销售部混得风生水起了，并不是说他的业务做得多好，关键是他在办公室的人脉关系非常广泛，而且他们同部门的很多员工都很喜欢和他在一起工作。

古兰开始通过一些业余时间去和张鹏叙旧，在与张鹏接触的过程中，古兰发现自己也开始变得活泼起来，而且对工作中的很多事情都有了干劲。有些时候，张鹏也会带着老同学古兰参加公司的一些员工活动。

后来，渐渐热情开朗起来的古兰在公司中逐步建立起了自己的人脉关系。不管对什么人，她都是笑脸相迎，大家也对古兰有了更多的好感。

有人说，人生有三大幸运：上学时遇到一位好老师，工作时遇到一位好师傅，成家时遇到一位好伴侣。是的，正是因为有了这些人，我们才能够在和他们相处的过程中，积极地吸纳更多更好的东西，让自己的人生变得更加充沛和富有活力。

很多时候，如果你身边缺乏积极进取的人，缺少有远见卓识的人，你的人生就会变得平庸，黯然失色。如果你想聪明，就要和聪明的人在一起，你才会更加睿智；如果你想优秀，就要和优秀的人在一起，你才会出类拔萃。

萨加烈说过这样的话："如果要求我说一些对青年有益的话，那么，我就要求你时常与比你优秀的人一起行动，就学问而言或就人生而言，这是最有益的。学习正当地尊敬他人，这是人生最大的乐趣。"日本学者手岛佑郎也曾经说过这样富有深远意义的话："穷到富的转变是大多数人憧憬的，但没有致富的思想和手段，富有殷实只是聊以自慰的幻想。穷人不能只是慨叹命运不济。穷人只有站在富人堆里，汲取他们致富的思想，比肩他们成功的状态，才能真正实现致富的目标。"通过这些名人的成功语录不难看出，无论你自身条件如何，想要成为什么样的人，就要和什么样的人站在一起，那么最终才会让自己本来的思维转变为成功者的思维。

曾经有人认为，保罗·艾伦是一位"一不留神成了亿万富翁"的人。其实，这是一种误解，真正的原因是他年轻时就与盖茨在一起，他们志趣相投，一起干事业。当初他们将一家名为微软的计算机软件开发公司在波士顿注册，总经理比尔·盖茨，副总经理保罗·艾伦，这就奠定了他的未来。20几岁的女孩也一样，选择和有价值的人在一起，你就会收获意想不到的益处。

所以，20几岁的女孩，该开始懂得什么朋友该交，什么朋友少交了，多和一些有思想的人在一起，你会变得更有思想，至于那些安于现状、什么理想未来都没有的人，还是少来往的罢。

2. 人往高处走，水往低处流——谁说不能“攀龙附凤”

说到“攀龙附凤”，估计很多人都认为是一件非常俗气的事情。而事实上，“人往高处走，水往低处流”却是一条亘古不变的硬道理。20几岁的女孩要明白，“攀龙附凤”是自己积攒人脉的大好时机，也只有这样，你才会为自己赢来更多的发展空间，对于自己以后的道路来讲，无疑是如虎添翼。

作为新大陆集团的董事长，王晶曾经获得全国十大女性风云人物称号。在王晶的眼里，她的创业故事里总有许多神奇的事情发生，每每谈起这些奇妙的故事，她必然会谈起身边众多地位显赫的朋友，特别是新大陆第三大股东——汤姆。

1992年因为一项项目，王晶与汤姆成为好朋友。新大陆创业时根本没办法从银行贷款，是地位显赫的汤姆每年无息借给新大陆流动资金。后来王晶以每股2元溢价出售部分股权给这位德国朋友。新大陆创立八年，每年增长都是接近100%的速度，他的投资也获得了很好的收益。这是王晶创业时遇见的权贵朋友之一。

之后，王晶一直请求科技部帮自己向中国证监会推荐新大陆，后来在科技部的大力支持下，总共有五家企业成了双高论证准许试点上市企业的高科技企业，新大陆是最后一家带着额度上市的民营高科技企业，允许上市。

在王晶成功的道路上，权贵朋友的帮助起到了不可替代的重要作用，拥有了朋友的鼎力支持，还有什么事不能办成呢?

很多时候，我们在为人处世中，如果仅仅只是局限于身边的一些人，那么将很难有大的发展。尤其是20几岁的女孩，要想在事业上出人头地，攀龙附凤不失为一种捷径。如今这个社会很现实，要想从一个无名小辈走到成功，

就必须得突破人脉的局限，试着努力扩大自己的人脉圈子。

很多年轻的20几岁的女孩，大都处于愤世嫉俗的时期，对这些事情总是显得那么不屑一顾，可是到头来真正受到了挫折，认识到现实的残酷后，才又乖乖地重新来过。放眼社会，很少有人真正一步一步靠着自己走上去，大多都会使用一些“外力”，让自己的成功之路走得更顺畅，女性更是如此。

也许很多时候，对于初入社会的20几岁的女孩来说，并不知道如何让这些有头有脸的地位显赫的人物认识自己，并且也非常胆怯，不知道究竟该如何做才能去接近这些人物。其实，正所谓“知己知彼，百战不殆”，只要我们能够从旁人处打听到这些人的性格以及喜好，那么再接近他们就不会那么为难了。另外，年轻的女孩进入社会后，还应该多关注一下现代媒体，以此来关注一些地位显赫的人物的情况。这样才能巧借社会名流、权贵人士的提携来进一步战胜强大者，达到“小鱼吃大鱼”的目的。

当然，我们还应当深刻明确一点：不是只要你和那些大人物交往，就一定能够走向成功。毕竟一个人的努力是成功所不可或缺的重要因素，如果没有真正的实力，那么人家连理都不会去理你。只有当你拥有了相对雄厚的实力，才能赢得这些大人物的信任，进而他们会给予你一定的支持。

20几岁的女孩们，你们已经告别了往昔单纯的岁月，应该具备一定的社交能力了。如果还沉浸在那些条条框框的书本中不想走进现实的话，那么最终难免沦为社会中的炮灰。

3.“酒香也怕巷子深”，女孩要学会推销自己

中国有句流传千年的民间俗语：酒香不怕巷子深。意思是如果酒酿得好，哪怕是在很深的巷子里，也会有人闻香知味，前来品尝。可是在如今这个人才济济的社会里，即便你才华横溢，如若不懂得推销自己，找不到欣赏你的伯乐，也无济于事。所以现在这句话应该改成“好酒也怕巷子深，酒香也需常吆喝”。20几岁的女孩懂得主动推销自己才是王道。

傲晴是一个不善于在领导面前表功的人，她相信可以用自己的业绩和实力赢得老板的重视和肯定。但事与愿违，老板根本没有时间去了解哪些工作是她做的，而且从来没对傲晴说过赞赏和鼓励的话。连能力比自己差的同事都涨工资了，自己还是没有任何起色，傲晴因此陷入极度的郁闷之中。

家洁和傲晴在同一家公司上班，刚开始，她和傲晴一样，因为经验不足，不懂技巧而不被重视。但每次在例会上，家洁总是勇于表现，私下还会请教公司的前辈，给身边的人留下了很好的印象。半年后，她的能力逐渐显露，工作有了起色，并得到了同事们的认可。这时经理想到的升职自然就少不了家洁的一份。

放眼如今这个社会，有知识有才干的人太多了，如果你总是还在天真地幻想，以为自己能够不闻不问就驾驭一切的话，那么只能说明你太幼稚了。聪明的人总是明白，如果自己想要能够更快地踏上通往胜利的道路，那么就必须得寻求自我肯定的出发点。

正所谓：千里马常有，而伯乐不常有。20几岁的女孩子，如若想让伯乐来识得你这匹千里马，那么就必须让自己的嘶鸣声更加响亮些，只有这样，

你的伯乐才会在最短的时间内把你找出来。

只要看看身边的职场就能够明白，那些天天埋头苦干的员工们，必定是任何一个企业都欢迎的，他们不仅兢兢业业，而且还能够把工作做到最好。但是我们还应该看到的是，这并不代表他们的职业发展就会一帆风顺。员工只知道埋头苦干，老板难免会有忽视他们努力结果的时候。

“超级女声”冠军李宇春在未参加超女之前只不过是唱歌很好的普通女生，如果没有“超女”比赛的宣传，她能红遍大江南北，拥有如此多的支持者吗？如果以好酒比人才，那么在现代社会，人才是需要推销自己的，在家里坐着很难让别人承认他是人才。生活中总是有那么一群人，非常优秀，却不为人知；才华出众，却常遭到忽视；纵然是不可多得的人才，却没有人给予理睬。为什么会这样呢？那就是她们不善于展示自己，没有毛遂自荐的勇气和远见。

如今是酒香也怕巷子深，不懂得推销自己的人怎么能引起别人的注意呢？别人又怎么能看重你、提拔你呢？所以，不能只低头做事，还得适当地让别人看见。要善于表现自己，也就是把自我价值显现化，适度地“吆喝”一下自己，才能够赢得更多人的注意。

20几岁的女孩子，勇敢站出来为自己大声地吆喝吧，只有你的声音够大、够亮，才能吸引住更多的目光，也只有这样，才会有更多的人认识你。学会推销自己，不要让自己成为他人眼中被忽视的存在，最终才能让自己的人脉圈子扩大起来。

4. 多结交有想法、能力强的朋友

犹太经典《塔木德》中有这样一句话："和狼生活在一起，你只能学会嗥叫，和那些优秀的人接触，你就会受到良好的影响，耳濡目染，潜移默化，成为一名优秀的人。"很多优秀的人身上都有许多藏匿的才华，当我们与之成为真正的朋友后，他们会不时地影响着我们的行为习惯。当我们茫然的时候，他们会为我们指明方向；当我们懒惰的时候，他们会用实际行动来证明勤奋对一个人成功的重要性。所以，20几岁的女孩，如果你想让自己变得更加优秀，那么就去多结交一些有想法、能力强的朋友吧。

罗音音是一名普通的销售人员，她出生在一个普通的工人家庭，平时几乎不怎么和他人来往，因此所拥有的朋友可谓少之又少。因为没有固定的人脉资源，也不知道如何建立人脉网，如何与来自不同背景的人打交道，所以罗音音的销售业绩差得不是一星半点。

一个偶然的机会，她参加了开拓人际关系的课程训练。受课程启发，她开始有意识地和在保险领域颇有建树的梦华联系，并且和梦华建立了良好的私人关系。梦华是一位非常优秀的销售顾问，而且她本身就拥有很多赚钱的方法和点子。梦华的同学和朋友也大多是学有专长的社会精英。罗音音通过梦华认识了越来越多的人，事业上的新局面自然也就打开了。

不可否认，选择怎样的朋友对一个女人的一生有很大的影响。对于大部分人来说，很多朋友都是偶然得来的。例如对方和我们住得很近，因而相识；或者是以未曾预料的方式和某人相识了。朋友的相识虽然出于偶然，但选择和什么样的人交朋友却把握在我们自己手中，主动结交朋友宜经过郑重考虑之后再决定。

正如古人所说：近朱者赤，近墨者黑。格林伍德曾感叹道："我宁可独自一人，没有朋友，也不与那些庸俗卑微的人为伍。"但在生活中，有不少人却总是乐于与比自己差的人交际，借此在与友人交际时产生优越感。可是从自己的长远发展来看，从不如自己的人那里是学不到什么的，甚至可能会让自己沾染一些陋习。而结交比自己优秀的朋友，则能促使我们的思想更加成熟。

20几岁的女孩刚进入社会，认识的人不多，所以在很多时候，自己的一些活动会受到限制。在这种社交不广泛的情况下，结交优秀人物能让自己更强，经常与有价值的人保持来往，会给你的未来发展带来更为丰厚的回报。

在细心发现优秀的朋友之前，要尽可能积极主动地去接近她们。你也不一定一开始就要去结交那些顶尖人物，可以把注意力放在自己身边那些比你优秀的朋友身上，一步步地提升自己，逐步让自己变得优秀起来。

其实，只要用心观察，就不难发现在我们周围有不少聪慧的人，他们不仅点子多，而且有自己的一套想法，我们可以通过他们来挖掘自己的能力，让自己的头脑更加灵活。为此，我们要多多结交一些有想法、有能力的朋友。

20几岁的女孩，当你真正结交到更多优秀的朋友之后，就会发现自己身上潜移默化的转变，因为此时的你，也慢慢具备了朋友身上那些优秀的素质。

5. 再“穷”也要站在富人堆里

这个世界上，没有人不喜欢钱，而且在大多数人眼里，钱最好是越多越好。但是放眼整个世界就会发现，原来富人是那么的寥寥无几，而穷人依旧占了绝大多数。有句话说得好：再穷也要站在富人堆里，因为时日一久，你也会沾染些许“富气”。

穷人与富人的一大区别就是，穷人的很多朋友是贫穷的，而富人的很多朋友是富裕的。20几岁的女孩，如果想要自己“脱贫致富”，那么就应当在人生路上，为自己安排好一个位置，多与富人靠边，也许就会“擦”出许多富裕的火花。

丽娟因为家里穷，所以没读完书就退学了，那时的她刚刚20岁。当她揣着仅有的1000元存款奔向北京后，发现原来这个社会还有很多像她一样的人，奔波在水深火热的生活之中。不久她找到了一份月薪1500元的洗碗工作，每个月除了房租、吃饭等必要的开支外，所剩无几，成了月光族。

她本来想找更好的的工作，可是和她一起工作的一个同事说：“别穷折腾了，现在经济危机，工作多难找啊，看看你现在的工资，在老家已经算很高了，你还是知足吧。”可是丽娟的一个朋友知道她的想法后，却鼓励她说：“你有这样的想法是对的，人就不应该安于现状，应该为自己争取更多更好的机会。你可以先为自己做一个计划，设定一个目标，多充充电，让自己有了资本，再找新的工作也不晚。”于是丽娟开始边工作边充电，最后，她顺利完成了学习计划，并被一家不错的传媒公司所录用。

谁都希望可以日进斗金，实现由穷到富的蜕变。办法也许有很多种，但是在如今这个社会里，最关键的一点是人气。有人曾经做出这样的评价：人脉是金，能力是银，证书是铜。的确，如果你想真正跨进富人的行列，那么首先就要站在富人的行列中去，只有这样才能让自己更好的壮大人气。

很多时候，富人与穷人之间的差别就是心态问题。如果让一个富人生活在穷人中间，久而久之，他的心态就成了穷人的心态，思维成了穷人的思维，做事也就是穷人的模式了。同样，如果一个穷人生活在富人堆里，耳濡目染他也就学会了富人的思维方式和处世方式，慢慢地便会脱离贫穷的阶层。所以，一个生活在穷人堆中的穷人，要想成为富人，很多时候必须和这个阶层说拜拜。这绝不是背叛，而是一种自我改造。

20 几岁的女性，不管你家庭出身如何，不管你有多“穷”，记得，站在富人堆里，学习富人的思维模式和行为方式，那样才会有“鲤鱼跃龙门”的机会。

6. 学会把自己融进“圈子”里

生活中，几乎每个人都幻想过自己在一个圈子里能够扮演什么样的角色。但是，由于大多数人总是受到“熟人社交”的影响，很多时候都不会轻易去结交陌生人，以致到头来，还是无法将自己融入“圈子”内。

其实，一个人如果想在特定的圈子里扩大交往和影响，那么最重要的，就是要具备足够的自信和强大的沟通能力。女孩子如果能够学会这一点，并且勇敢地跨出这一步，那么以后的道路就会越走越顺畅。因为只有把自己融入到了圈子中，才能够聚集更多的人脉。

歌韵对文字有着天生的敏感，常常在没事的时候，自己写点小故事。在工作之余，她还喜欢往图书馆跑，喜欢博览群书，由此，她的写作能力也在不断提高。偶尔灵感突发之时，她会把这些东西记录在随身带的一个小本子上，慢慢地，本子越来越厚，不知不觉就都写满了。

有一次，她去公园散心，看到满树春光一片好景，于是便在路旁的石凳上坐了下来。想着想着又把随身的笔记本拿了出来记录。就在这个时候，一位白发苍苍的老婆婆走了过来，歌韵立马给她让座。老婆婆坐下不久，看见她正在写东西，于是便问道：“小姑娘，你是不是特别喜欢写东西？看你似乎懂得挺多的。”歌韵谦虚地说：“对的，婆婆。没事的时候，我就喜欢去图书馆看看。有了兴致的时候，还会写点东西。”老婆婆听后惊喜地说：“是吗？你能写东西？正好，我儿子是一本杂志社的主编，杂志刚开辟一个小说专栏，他这几天还在嘀咕正缺少稿源呢。要不把你写的东西拿来试试？”歌韵觉得这是个机会便满口答应了，并且给老妇人留下了联系方式。没多久，歌韵就在杂志上看到了自己的文章，也由此结识了更多的文学爱好者和文学编辑。

20几岁的女孩应该明白，在如今这个“靠人上力”的社会中，拥有好的人脉对自己将会有怎样的帮助。很多时候，当你有了困难或者面临一次好机会时，贵人的帮助会使情况变得对你更加有利。而这些“贵人”，便是靠着自己的努力而汇聚起来的人脉。

一个人的朋友里会有共同创业的同行，也有心灵相通的莫逆之交。不主动创造结识新朋友的机会，不主动地融入对方的圈子里面去，无异于让自己走进了社交的死胡同。几乎所有的熟人都是通过陌生人发展而来的，很多时候只要我们能够用一颗真诚的心去与他们交往，那么很快就会和他们成为朋友。这样一来，各行各业的人结识得多了，我们的事业自然也会更加顺利，因为到处都有帮助我们的“贵人”。

或许，在许多20几岁的女孩子眼里，陌生人更多的只是带来麻烦，而且那些主动搭讪的人貌似不是小偷就是骗子。但是一个聪明的女人，往往会抱着友好的态度结交陌生人。在她们眼里，自己认定的陌生人很可能会是财富和资源的象征。当然，她们也不会轻易地随意结交，而是让自己对他人有所了解后，再慢慢地靠近他的圈子。

畅销漫画作品《向左走，向右走》中有这样的描述:都市里的大多数人，一辈子也不会认识，却一直生活在一起。其实，生活空间是有限的，我们只需转一下弯就能接触到对方。比如，“家庭式聚会”“朋友式聚会”“同乡聚会”“网友聚会”都可以让我们认识更多的陌生人，扩大我们的社交半径。

一个人如若真的想要获得成功，就必先发掘自己的人脉，就需要加入一些精英圈子，以获得更多更好的渠道发展。不可忽略的是，要想融入这个圈子，就必定要找准核心人物，也就是对这个组织最有影响力的人，这样的人会迅速给予你在圈子中一定的地位，也会更加方便你接近其他人。

那种凡事不沾边，喜欢吃现成饭的人，是很难获得圈子中大多数成员的尊重和认可的。因为任何一个圈子的存在和发展，都必须要有人奉献大量时间、精力，甚至金钱。而自己要想在圈子中扩大交往，就应在力所能及的范围内，积极主动地参与圈子的建设。

20 几岁女孩，只有学会把自己更好地融入社交圈子内，才能有更多的机会来拓展自己的人脉，也才能够让自己更加轻松地获得更多的发展机会。开放你的圈子，扩大你的圈子，那么时间一久，你一定会有意想不到的收获。

7. 什么样的朋友不能交

莎士比亚曾经说过：有很多良友，胜于有很多财富。好的朋友就像是夏日中为你遮挡烈阳曝晒的一片树荫，就像是汪洋中一只承载你向前的航船……好的朋友能够让你时刻感觉到温暖，能够让你始终相信并且依靠。但是事物都是两面的，有好的朋友也就有所谓的损友，如果我们结交了后者，轻则让自己觉得不舒心，重则可能会成为我们事业甚至人生的绊脚石。

20几岁的女孩子，应该明白这个社会上的人心复杂，不是所有的人都可以与之交往的。俗话说得好：良禽择木而栖。如果我们不能选择好的朋友，那么我们的人生轨迹可能受其影响而被打乱，生活中可能出现很多不必要的困扰。

任洁与何童是同一所大学印刷专业的毕业生，两人又同时签约在一家公司。从进公司的第一天起，两个人就因为同样的处境而惺惺相惜，建立起了友谊。可让人想不到的是，两人维持了一年的深厚友情却因为一件事情而破裂了。

原来，一年后，公司高层决定给予内部员工一次提拔，这次提拔需要公正公平，任何人都不能因为走关系而上去。任洁和何童一直以来都是公司领导很器重的两个员工，不仅因为她们同是高才生，更重要的是两人实力相当。可是私下里，谁都知道，任洁总是借用与何童之间的情谊，让何童帮她多做一些事情，例如一些企划和报表全让何童一个人做。而何童却天真地以为这是任洁对自己的信任，而且好朋友之间也理应相互照应。所以，每次她都十分任劳任怨地去完成。

当选拔开始后，各部门经理在总结提名人员的工作实绩时，任洁当着所有领导的面，却说那些报表和企划是自己熬夜完成的，而何童什么都没做。当时何童整个人都呆了，让她没想到的是，自己一直深信不疑的好朋友居然是个“笑面虎”，在最关键的时候，竟然捅了自己一刀。

正所谓“卑鄙是卑鄙者的通行证，高尚是高尚者的墓志铭”。也许，我们不能强求每一个人都能有一颗高尚的灵魂，但是我们却要有一双雪亮识人的眼睛。生活中，有太多因为交友不慎而导致失败的例子。如果想要远离这种人，就尽可能挑选真挚且诚恳的人做朋友吧。

那么对于20几岁的女孩，究竟有哪些朋友是不能够交往的呢?

第一类：没有正义的人不可交。一个没有正义感的人，就会缺乏爱心。试想一下，一个心中连关爱都缺乏的人，又怎么可能会有真正的情谊呢？当然，正义并非让你为朋友去做一些见义勇为的事情，而是能够时刻关心朋友，把朋友的事情随时挂在心上。

第二类:没有诚信的人不可交。缺乏诚信的人，不仅会贬低自己的身价，还会让人深感厌恶。缺乏诚信，也就少了让人信赖的根基，一个人要在社会上立足，首先就得做到对他人以诚相待，否则必定交不到任何朋友。

第三类，结党营私的人不可交。生活中，我们会时常看到有些人为了个人的自身利益，组成各种小团体。这种本身就极具功利价值的关系，必定是经不起考验的。但凡出了一点事情，就会大难临头各自飞，这样的人又怎么能够放心去交往呢?

第四类，一毛不拔的人不可交。朋友之间礼尚往来很正常，如果对方真的是一只一毛不拔的“铁公鸡”，那么对这种人应该敬而远之。

第五类，见异思迁的人不可交。也许今天你们是好姐妹，但是明天却可能成为陌路人。今天是朋友所以什么话都可以互相倾诉，但是明天却什么事情都忘了。这种人总是见一个，忘一个，和这样的人交往很难维持长远的友谊。

20几岁的女孩子，应该清楚地明白自己所要面对的社会现实环境，不要再用校园中的友情和社会上的人际关系做天真的对比了。如果不想被人坑，那么就请先拿起自己“识人”的武器吧。

第六章

可以不做女强人，但一定要做强者

1. 再小的梦想，也会让女人光彩照人

王心凌的单曲《小星星》中，有这样一句歌词："城市里，小星星，稀疏的，亮晶晶……再小的闪烁，也努力放光明……"是的，即便是一颗小星星，也懂得在浩瀚无边的黑夜长空中努力绽放自己。

现实生活中，很多女孩子天生喜欢做梦，而且乐于为自己编织出最美丽的梦境。尽管不是所有人最后的梦境都能够成真，但是没有哪个梦想是渺小卑微的，即便是再小的梦想，也会在某一时刻光彩照人。

丹纳一直以来都梦想着自己将来能够做一名裁缝。每当她幻想大家穿着由她制作出来的美美的衣服时，心里就充满了甜蜜。但她母亲听到女儿的梦想后却非常失望，因为周围的小女孩们将来不是想做教师就是医生，只有丹纳的梦想听起来如此卑微。

可是，丹纳却并没有因为自己的愿望不起眼而有任何的动摇。不久，丹纳开始学习一些简单的手工制作，她利用每周仅有的一点零用钱从裁缝铺里买来一些碎布和针线，开始制作一些娃娃身上穿的简单小衣服。虽然每一次丹纳做好后，都是换来母亲冷冷的眼光，但是丹纳依旧热衷于裁剪。

后来，丹纳不顾母亲的反对，进入了一所专门学习裁剪设计的美术院校。毕业后她自己开起了一个小小的裁缝铺，裁缝铺面积不大，但是装点非常精致，有一次，丹纳从电视上看到了一期外国模特走秀展，突然想到，如果自己能够制作出传统流线型的旗袍，然后在国外网站时常推广会不会效果很好呢?

但最终她决定先在中国市场上宣传一段日子，看看效果如何。因为她的手艺好，制作出来的旗袍很合顾客的心意，因此获得了众多新老顾客的喜爱。丹纳的好手艺也逐渐一传十，十传百，附近的人都开始在她店里定做旗袍。

看着店里的顾客越来越多，丹纳明白是时候投放国外了，于是她把自己制作出来的旗袍放在了国外的一些服饰网上，很快她的旗袍便名声大振。后来因为销量大增，她一个人忙不过来，便雇用了几个人一起合作。不久她正式成立了属于自己的服装公司，这时的丹纳已经在业内小有名气了。一次接受采访，记者问丹纳如何看待自己目前在服装行业的地位，丹纳只是简简单单地回答了一句："我只是个小裁缝，其他都是噱头而已。"

女人的梦想究竟应当有多大？这其实是个不怎么高明的问题，因为梦想无大小，梦想无贵贱。每个人都有自己的梦想和想要完成的夙愿。那些一直恪守自己梦想的人，才能够坚持下去并最终让梦想成真。

20 几岁的女孩子，应该明白在通往梦想的道路上，可能会遭受诸多的挫折。可能会有他人的讥笑，或是亲人朋友的阻拦。但是我们不能给自己的梦想套上沉重的枷锁。有人曾说：梦想无关大小，关键是我们追逐的勇气。如果自己都无法给予自己一个肯定，那么又怎能攀登到顶峰呢？

作为一个女人，一定要有属于自己的理想和信念，这是一个真正独立且成熟的女人的象征。生活中那些看起来外表华美但是内涵缺失的女人，在人生的整个旅程中难免起伏动荡，就像是随波逐流的浮萍一样，根本找不到自己的目的地和根之所在。试问这样的一个女人，又怎么能够让自己的生命之花开得灿烂呢？

不要因为梦想小，就放弃去追逐它，也千万不要轻而易举就被自己打败。真正实现梦想最终依托的不是跳板，而是自我的行动力和坚持。你可以拥有很小的梦想，但是决不能小看这些梦想，它们的背后都隐藏无限的光芒。

20 几岁正是一个人的人生轨迹刚刚开始的年纪。一个 20 岁的年轻女孩，如果想要找到通往成功的途径，那么就去坚持你的梦想吧。不论你的梦想有多么渺小，只要你能给自己找准正确的定位，并且向着这个目标勇往直前，那么总有一天这个小小的梦想会照亮你的整个人生。

2. 不做木偶人，女人的命运掌握在自己手中

几乎所有的女人在出生时，都像是一粒普通的种子，但最后却因为岁月的变迁，而呈现出不同的人生。为什么会出现如此不同的结果呢？也许有很多主客观因素的制约，但是最主要的原因在于你停止了自我追求的脚步，让他人掌控了你的人生。

生活中，每个女孩都应自问一下：你是一个命运受他人牵制的“木偶”吗？你是否做什么事情都必须在获得他人允可后，方能大胆去做呢？其实，不管一个女人的出身多么平凡，只要自己能够始终不放弃梦想，掌握好手中的命运大盘，那么就一定会有精彩夺目的人生。

四年前，王雨还是一个只有22岁的天真烂漫的女孩，可让她万万没想到的是，因为她的过于天真，过于依赖丈夫，最后导致整个家庭的破裂。

王雨出生在农村乡下，只有高中文化水平。她高中毕业后，父母为了减轻家庭的负担，便催促王雨嫁了出去。父母一直告诫王雨，一定要学会做一个贤妻良母，这样才能博得丈夫的好感。王雨也一直都认为，自己的丈夫便是自己的天。刚开始的时候，丈夫和她恩爱甜蜜，可是自从生下女儿后，王雨开始发觉到丈夫的转变。

时间一天天过去，孩子一天天长大，王雨发现丈夫也开始时常不回家了。对于一个已经把家庭和丈夫作为自己生命唯一支撑的女人来说，这是一种沉痛的打击。她把女人最美好的青春岁月都给了丈夫，但是丈夫却并不知道珍惜。但是她又无可奈何，因为自从嫁人后，她就一直没有外出工作，而是在家当了全职太太。这个每天靠着丈夫生活的女人，已经不能够没有丈夫的依靠。可是，看着丈夫一天天的晚归，她渐渐感觉到了生活的无助，最终和丈

夫撕破了脸，丈夫一气之下几个月都不回家。看着四岁大的孩子，再看着自己无力支撑的这个家，王雨对生活充满了绝望。

女人在年轻的时候，总是想当然地觉得生命中无助的一天永远不会来临，也总想把自己的未来寄托在他人身上。可是实际上，一个女人又能年轻多久呢？又可以无忧无虑多久呢？身为现代女性，更应当思考一下，如果有一天发生意外状况，有没有能力自给自足？有没有能力保障自己的未来不陷入困境？

20几岁的女孩应该明白，女人应该掌握自己的命运，做自己命运的主宰，这不仅仅是一种追求，还是一种自我尊严的体现。对一个女人来说，可能最坏的事情莫过于心里总认为自己生来就是个不幸的人，命运女神总是跟她过不去。其实，那个被人们幻想的无比神秘的女神，就是我们自己，是自己在掌控、主宰着自己的命运。

这里有这样一组数据：据权威部门统计，目前全世界女性创业人数已经占到创业者总数的1/3，在某些领域所占的比例甚至会更大一些。在美国，有80%的女性在为自己打工。在加拿大，有40%的女性自己经营公司，并且政府还会为女性创业提供帮助。

显然，这个世界上存在有很多的独立女性。这些女性之所以能够成功，就是因为她们始终都把命运之绳牵在自己手中，她们坚强、勤奋，在经济方面能够独立自主。她们不但能够保证自己的生活质量，还能够掌控自己的人生步伐。

20几岁的女孩子，应该明白自己究竟想要的是什么。只有当你掌握自己的命运时，才能活出一种别样的风采。不要委屈自己在别人的脸色下度日，不要让自己看似一个没有灵魂的躯壳，只要你坚信自己，把握好自己，按照自己的计划一步一步地走，就一定能够实现自己的人生目标。

所以，女孩们，积极去面对自己的人生吧！跌倒的时候，就激励自己爬起来，继续朝前走，这样就不会再次倒下，你也就真正成了自己命运的主人。

3. 靠山山会倒，靠人人会跑，只有自己最可靠

中国有句俗语说：在家靠父母，出门靠朋友。社会中也存在着更为现实的“依靠方程式”。可是，等大家靠关系、靠金钱、靠完一大圈的靠山后，可曾回过头来仔细想过，这么多被自己列为“最可靠”的人中，究竟有几个能真正靠得住呢?

正所谓“靠山山会倒，靠人人会跑”，只有靠自己才是最可靠的。最起码在关键的时刻，自己绝对不会背叛自己。20几岁的女孩子，如果想要有一个幸福的未来，就一定要明白，任何事情都不要过多地依靠他人，相信自己、依靠自己才是最现实的。

丽泽念大学时，是学校的风云女子，不仅长得漂亮，而且多才多艺。几乎身边所有的朋友都觉得她前途一片光明。可是几年后，同学们却意外地听到了关于她的负面消息。原来，她把人生的希望都放在寻找有钱男友上，想借此过上以为“高贵”的生活，结果却事与愿违。

丽泽对白马王子的要求很高，但幸运之神却一直没有眷顾她。一般的男性在认识她不久后，总是被她的大小姐风范吓得打了退堂鼓。寻寻觅觅直到而立之年，她才交到一位在银行任要职的男友。可是两人在一起生活不到半年，男友便开始反感她整天在家不工作，也不做家务，两人开始时有争执，男友开始在外面有了新的感情生活，两人由此分了手。

丽泽把全部希望都寄托在这个男友身上，因此一点钱都没有存下来。随着年纪越来越大，眼角处已有细小皱纹，脸上肌肤的弹性也大不如前，但此时的她还不愿意接受残酷的现实，依旧希望能寻找到她的“救世主”。

女人想找一个有钱的男人做老公当然无可厚非，许多人都曾说：女人找老公，就是为了一张长期饭票。却不知，寻找“长期饭票”也有财务风险，除了要考虑饭票的“有效期限”之外，还要承受靠外表吸引异性的“折旧”风险。

所以20几岁的女孩子，不要认为找个有钱的男人就什么都有了，要记住靠谁都不如靠自己，不要等到他把你甩了才发现原来你什么都没有，这个世界上除了父母，没有谁会比自己更可靠。任何一个女孩子都应该明白，女人如果想要过得幸福，那么就必须有一个自己可以支撑的点。如果万事依靠他人的话，那么很快你就会在漫长的岁月中失去自我。

曾任IBM中国销售部总经理、号称“南天王”的吴士宏，原是一名普通的护士，她没有在大学小院里深造，大学文凭是自考获取的。她进入IBM的时候，不是一名白领，而是一名勤杂工。总之，她是普通的，也没有任何人可以依靠，但是她成功了。靠的是什么？是对目标的执着追求，是对自己成功的坚定信念。

每个女孩子都应该明白，没有谁能够真正陪你走过一辈子，所以你要适应孤独。也没有谁会去帮你一辈子，所以你要奋斗一生。不要再去天真地幻想靠别人就能够随心所欲地过日子了。即便是再好的朋友，最多也只能在一旁帮助你，而不能够取代你而活。

从来都没有天上掉馅饼的事情，成功者往往与刻苦、勤奋、努力这些词相连，而这些都是要付诸行动的。20几岁的女孩想要过上自己理想的生活，得到自己想要的东西，决不能把希望寄托于他人，只有靠自己去努力争取，这样才最有保障，也最有尊严。

4. 忠于内心的感觉，不被他人左右

如果一个人总是被他人的评价所左右，把精力消耗在如何应付环境上，以至于没有余力去追求自己的理想，那不是很可悲吗？而在现实生活中就有很多这样的女孩，总是因为这样那样的顾虑，而被他人左右了自己的想法。

20几岁的女孩要明白，一个人一生不一定要干什么惊天动地的大事业，但是一定要知道自己活着的意义，一定要对自己所走的路保持清醒的头脑。只有学会忠于自己内心的感觉，才能发掘出人生最大的快乐。

著名杂志《时尚芭莎》在一期采访中，曾经用了很大篇幅来报道一个叫作江觉迟的女性的生活。说到江觉迟，大家也许会比较陌生，但就是这样一位生活一直平稳富足波澜不惊的女性，却由于一个偶然的机遇，应活佛之邀入藏，一住五年。在当时极为艰苦的恶劣环境下，她一直都在寻找孤儿和失学儿童，并且在一个小庙里教他们识字，由此自己落下了一身病痛。当有记者前去采访她时，她说："这不是坚持，是留恋。"如今她的日记已经结集出版。

在当期《时尚芭莎》的杂志栏目中，她在写给《时尚芭莎》的一封信的开头这样说道："我经常听到这样的声音：你很伟大！说实在的，我并没有因此感动，不仅如此，还有些郁闷。为什么呢？一个人做着她喜欢的事，不是生活，不是平凡，而是伟大？"这是端端正正的姿态，她忠实于自己的内心，为自己而活，不活在别人的眼光里，真诚坦荡。

20几岁的女孩，只要你们注意留意，就会发现我们的周围有不少这样的情况发生："假如这样做，别人会怎样评价我呢？""别人对我会是什么看法呢？""他们该不会笑话我吧……"如果一旦被这样的评价占了自我思想的主

导，那么就很容易被其左右。

古龙曾经说过：岂能尽如人意，但求无愧我心。我们又何必过于介意他人怎么说、怎么想呢？每个人的思想、境界、修养不同，看问题的方法、角度也不同，别人怎么会对你的所作所为全都理解呢？你只要意识到自己的理智怎么说，自己的良心怎么想就可以了。只要问心无愧，做到"我只对自己负责就可以了。"

或许，在每个女人心底，都有那么一点点的虚荣心，都想得到别人的赞赏和认可。更有甚者，为了得到这种赞赏和认可，会去迎合别人，从别人的需求出发去做事情。从表面上看，这似乎没有什么不好，也没有什么不对。但时间一久就会发现，不知不觉中，我们已经习惯按照他人所指示的道路行走，却忘了自己原本的路。

这个世界上有几十亿人，每个人都是不同的，也正是因为这些差异才使得这个世界丰富多彩。为了迎合别人而抹杀自己个性的人，就如同一只电灯泡烧断了保险丝一样，再也没有发亮的机会。做人一定要保持自己的本色，坚持做自己。

20 几岁的女孩，学会聆听自己内心的想法，顺着自己所希望的道路走下去，这样才能探求到幸福的真谛。坚持住自己独一无二的本色，这样你的人生才会更加精彩。

5. 要不断更新自己的大脑，否则迟早有一天会出局

如今，高学历的女性数不胜数，但很多女性一旦毕了业，有了份稳定的工作之后，便觉得这辈子可以不用再与书本打交道了，剩下的人生靠着自己当初的知识就足够了，其实这是非常可怕的想法。

正如孔子所说：学而不思则罔，思而不学则殆。古时如此，更何况我们处于现在这个信息高速发展的时代呢？作为一名现代女性，如果总是让自己的思维停止在某个阶段，那么迟早有一天会被现实社会中强大的竞争力击败，被这个社会所淘汰。

筱柔今年29岁，拿到硕士学位之后，进了一所高校做大学老师。工作一年来一直很顺利，学生很喜欢她，学校领导对她的业务水平也很满意。一个月前，学校实行竞争上岗制度，直接从社会上聘请优秀的大学讲师，很多能力不过硬的教师都下岗了，一直生活在安逸中的筱柔也意识到了危机。

一年来，虽然工作上没有变动，但看着比自己更年轻、学历更高、能力更强的讲师活跃在讲台上，筱柔还是感到了前所未有的压力。当发现一位新来三个月的讲师已经可以代替自己为学生讲课时，筱柔有了一种随时会被淘汰的感觉。经过一番思考，筱柔办了停薪留职，她要到国外进修，她相信只有为自己充电才能变得更强，不可取代。对筱柔的决定，学校方面也很支持，就这样，筱柔去了英国深造。

三年后，留学归来的筱柔不仅学到了更多知识，也变得更自信了。回到学校后半年时间，就以优异的专业知识和教学能力荣升为系主任，但筱柔并没有因此而松懈，工作之余还是经常参加各种培训和教师交流会，让自己永远处在学习向前的状态。

每个人都希望自己能够无忧无虑，能够一直平稳地生活下去。可是现实生活中，并没有这样的好事。生活每一天都在变，社会每一天也在更新，如果你不能跟上时代的步伐，不能时刻为自己补充能量，那么终将成为被时代淘汰的人。

在一个女性的一生中，学习和充电是很重要的。试想一下，在同等条件下，文化程度相同的两个人，一个勤奋好学，经历若干年工作学习之后，成为具有某个方面专长的学者；而另外一个不思进取，逐渐沦落为一个平庸者。这样的两个人，谁会先被时间所淘汰呢？

最近一项调查显示，30 至 40 岁的职业女性中，近 3 成出现身心疲惫、烦躁失眠等亚健康状态。主要表现为：对前途以及“钱”途开始担心，担心会被社会淘汰；对自己所从事的工作开始产生一种依恋，不再像 20 来岁那样无所谓，同时又有一种危机感，甚至开始对老板察言观色；身体经常感到疲劳，休息也于事无补。所以，玩乐固然会很舒服，但是，如果你不想到了 30 几岁还为自己的地位不稳定而发愁失眠，还是从现在开始赶紧停止游戏人间的思想吧。

看看身边那些抱怨老板不赏识自己的女性员工，她们是否又从自身找到原因了呢？要知道，一个懂得用知识武装自己，能够跟上社会节奏的女性，是不会被老板所忽略的。她们懂得，只有随时给自己补充“体力”，才能稳住自己的地位，让自己无可替代。

20 几岁的年纪，应该好好地利用年轻时光，朝着自己的梦想奋力追逐。毕竟时光不会倒流，社会也不会停下向前奔腾的脚步。如果想让自己更快成长，就记得随时给自己充电，然后加大“马力”，才能奋勇直前。

6. 有了坚持和勇敢，麻雀就能变凤凰

生活中，女人的坚强和优秀有很多例证，比如那些在奥运会上取得辉煌成绩的运动女健儿，那些在困境中依旧屹立不倒的单亲妈妈，还有那些在职场上努力奋斗的女白领，都证明了女人身上那种不折不挠的毅力。

20几岁，正是勇气十足、充满活力的年龄阶段，同时也是最考验人耐性的阶段。如果真的想要麻雀变凤凰，就应该拿出鱼跃龙门的坚持和勇敢，那样才能真正脱胎换骨。

2010年的春晚上，一个被大家称作“西单女孩”的普通身影出现在全球瞩目的舞台上，她优美的歌声瞬间博得了在场所有人的热烈掌声。通过主持人的介绍，众人才了解这个只有19岁来自河北涿州的农村女孩身上，有着怎样坚强与勇敢的力量。

4年前，“西单女孩”任月丽从河北老家来到北京餐馆打工，每个月收入只有300多元。无意中，月丽听到地铁里流浪歌手的歌声，她把身上仅有的20元给了他，并问：“能跟着学吗？”那个歌手被女孩的执着感动，介绍她跟一个朋友学唱歌。大概是月丽有着独特的天赋，仅仅一个月的时间，她就独自在西单的地下通道里开唱了。

在北京，月丽住在南三环附近，坚持每天骑车1个多小时去西单的过街地道里唱歌，风雨无阻。她说，现在的自己对音乐的喜爱已经达到了痴迷的地步，听歌、唱歌对她而言是生活中不可缺少的一部分。她把省下的一部分生活费用来去二手市场买CD，这样可以学唱更多的歌曲。她觉得每天的生活很充实，心里也很满足。

后来有一次，她的演唱无意中被一名叫作“芝麻”的拍客给悄悄拍了下

来，并放到了网上，结果一举成名。如今的她已经不用每天去地铁演唱了，因为已经有唱片公司的老师给她提供了录音棚，还有音乐老师想免费教她。她从当初那个不起眼的小姑娘，凭着自己的勇敢和坚持，成为众所周知的草根名人。

西单女孩的成功无疑是坚强与勇气的结合，正是她的勇敢与努力造就了如今的飞跃。正如美国前总统林肯所说：人下定决心想要愉快到什么程度，他大体上就能够愉快到什么程度。只有你才能够决定自己的心灵，控制自己的思想。在这个世界上，唯一能够搭救你的人，只有你自己。一个人只有学会与命运抗击，才能真的产生质变。

20 几岁的女孩应该明白，坚强是一种品质。每个女孩都应该学做一颗钻石，坚硬无比，经得起困难的打磨，最终光彩耀人。人的一生是一条漫长而曲折的道路，谁都难免会遭遇磨难和挫折，但是只要你能够一直坚持自己的信念，鼓起勇气坚强地走下去，就一定能够看到道路尽头最美丽的风景。

一位伟人曾说：命运一半掌握在上帝手中，一半掌握在你的手中。掌握在上帝手中的那半是指你的信念，有了实现美好愿望的信念，你也就获得了成功的一半。无论遇到什么磨难，你都不会倒下去，都会执着前行。而掌握在自己手中的那一半，是说你只要坚强并且脚踏实地，一步一个脚印地前行，就有希望到达胜利的彼岸。

20 几岁的女孩子，勇敢地扬起生活中希望的风帆吧，只有这样你才能真正超越自我，才能在人生中有一个质的提升。把坚持和勇敢作为自己唯一的信念，或许在某一天你真的就蜕变成直冲九霄的火凤凰。

7. 对自己的期望要比他人的期望更高

鲁迅先生曾经说过：不满是向上的车轮。生活中每个人都会对自己有一些期望，但是在追寻梦想的旅途中，很多人常常因为一时的满足，就安于现状，不思进取。20几岁的女孩，要想在人生的道路上收获颇丰，就必须严格要求自己，永不满足，一直向前。

2003年，罗微在德国的世界锦标赛上摘取了女子跆拳道72公斤级的金牌。在战胜对手的一瞬间，罗微咧嘴笑了，但是在颁奖仪式上，她又表现得很平静。她不满足于这一小步，她知道自己还有能力取得更大的成绩。2004年，罗微取得了雅典奥运会的跆拳道冠军。

在之后的亚运会女子72公斤级比赛中，罗微力克约旦选手库特夺得金牌。金牌又一次挂上脖颈，罗微平静地说："世界杯和亚锦赛的金牌我还没有拿到呢，所以我还要继续努力，争取大满贯。"

从雅典奥运会一路走来，罗微感慨很多，她说："2004年是我运动的一个高峰期。我从开始练习跆拳道到今天只有不到8年的时间，我相信自己还有上升的空间。"

很多时候，知足的女人可能会过得很幸福。但是从另外一方面来说，知足又是一种消极的处世态度。因为一旦知足，人们就可能会失去原本的积极性，变得安于现状。有的人会认为我已经达到期望值了，还能怎样？可是反过来想想，你是不是真的已经竭尽全力了？

一个人可以挖掘的能力是无穷的，如果你总是以既定的希望值来要求自己，那么就会错过人生中更多美好的机会。对于20几岁的女孩来说，只有对自己设定比他人更高的期望，这样才能超越自己，超越他人。就像有人曾说，这个世界上最大的对手就是自己，只有不断地超越自己，才能让自己得到提升。

其实，对自己的期望知足就是有所不为，而满足是不去作为。因为人一旦满足就很有可能在精神上放松自我，慢慢消极懈怠。若想百尺竿头更进一步，不辜负希望和重托，就要不满足。做人一定不能满足于现状，一旦满足，就会失去努力的动力。只有在知足又不满足的情况下，我们才能在向上的生活中感受幸福。

20几岁女孩对自己的期望应该远胜过他人对你的期许。如果你想成功，就必须把自己想象成是一个天生的赢家，不断让这样的思想侵入你的脑海里，你才能舍弃以往的骄傲，更加积极地思考，释放出自己更多的潜能。

其实，每次成功都会让你充满自信，进而创造更多的成功。当你遇到更大的挑战时，你才会有更多的信心来打败它。当我们累积的成就越多，就越会惊觉自己竟然有这么多达成目标的能量。这些能量平常都闲置在体内，只有不断地挖掘，我们才能发现自己竟然有这么多的才华。

每个女孩都要坚信“天生我才必有用”，只要自己竭尽全力了，就不必因为没有达到既定目标而过多自责。当你坚信自己还有上升空间的时候，一定不能止步于当前，要不满足，自己把自己当成对手。把自己的期望值提高，你才能获得更多发展自我的空间，也才能成长为一个更加全新的自己。

20几岁的女孩应该明白，人生是操纵在自己手里的。没有人能够为你的人生和行为负责，如果你想更好地肯定和突破自己，那么你对自己的期望就要高于他人对你的期许。

第七章

经济独立的女孩，才能实现精神独立

1. 经济独立，让女人更有魅力

美国编辑简·坤说：使妇女解放的原因是她们不在经济上依靠男人。以前，女人一直认为：男人应该比我们有钱！这种想法使得她们把希望全部寄托在丈夫或父亲身上，她们成了别人的附属品，以致失去了独立的魅力，这甚至给她们的生活带来了种种磨难。

美国主妇朱蒂·瑞斯尼克在《女人要有钱》这本书里强调：女人要青春，要美丽，要遇见好男人，更要自己有钱才会幸福。女人只有先实现经济独立，才能在精神上实现独立，这样的女人才会更有魅力。

陈燕妮是美国《美洲文汇周刊》的总裁。她创作的第一本书《告诉你一个真美国》一经出版，便受到很多读者的热烈欢迎。随后她又有几本讲述华人在美创业以及华人回国经历的书面市，都相继成为当季的畅销书。

有一次记者采访她的时候，问："听说在美国有很多全职太太，她们的生活全部围绕着家庭，相对简单而少有压力，你有没有想过这样简单的生活呢？"

"没有，从来没有。"陈燕妮坚决地摇头，"我无法想象向别人伸手要生活费的滋味。我曾经因为工作的变动而在家待了几个月，那段时间太可怕了。除了老公以外，精神没有任何依托，整天在家无所事事。到后来看老公都有点儿小心翼翼的，现在想想挺可笑。美国的报刊竞争很激烈，我做的事情等于是在和美国的男人们抢饭碗，但我宁愿在社会上拼搏，争夺自己的天空，也不愿整天在家洗衣做饭，等老公回家。"

一个女性如果只有空虚的外表，没有真实的内涵，那么就只能做生活的摆设而已，最后失去自己本身的社会价值。一个女人首先应该学会独立，有了成功的事业支撑之后，才会有充足的自信体现出来气质的优雅，而且这种自信比年轻美貌会更有味道。

看看周围，你会发现，一个财务独立的女人，不光是在自己的家庭以及朋友面前能够抬得起头，还能给自己增添一份自信和骄傲。因为只有有了足够的经济实力，生活才能够更加有质量，才能够逐渐实现自己的梦想。这是一个很现实的社会，如果想要有所成就，就要有足够的经济基础作保证，而争取财务独立的目的，并不是主张女权主义，而是让女性能活出自由，活出洒脱。

试想一下，当一个女人口中喊着独立的口号，与人大谈平等事宜，可是转过身，却要低眉顺眼地向男人讨要生活费，这样的女人可能会生活得美满吗？这种靠看脸色得来的钱财，用着也会觉得非常不舒心。

可能是受到一些世俗的影响，如今不少20几岁的年轻女孩总是幻想自己能够傍住一张“长期饭票”。其实，这种幼稚天真的想法，只会让你在青春逝去之后悔之不及。或许，会有男人喜欢你，同你结婚，也会一直养活你，养活这个家。但是在他的眼中，你侍候他也是理所当然，就算他发点脾气，你也该忍着。因为他才是你生活的支撑，他才能维持你的生活。

事实上，一个依附于男人的女人永远没有独立的可能。如果能在经济上独立，想买衣服和化妆品的时候，就可以自信地掏自己的腰包，不用小心翼翼地去争取对方的意见。只有花自己劳动换来的金钱，才能理直气壮，才能心安理得。

女人应该活出自己的人格和尊严，活出自己的潇洒。在现实中，有着独立经济基础的女人更有魅力，更容易吸引异性。钱不是万能的，但很多时候，金钱确实是支撑女人品位的基础和后盾。

20几岁的女孩，如果不想让别人决定自己生活质量的高低，不想靠看他人脸色而卑微地活着，那么就独立起来吧。

2. 恋爱时请带上自己的钱包

曾经在一本书上读过这样一则小笑话：一个男孩的妈妈和一个女孩的妈妈聊天，其中男孩的妈妈说：“我家的阿强，花钱可厉害了，特别是这几个月比前几个月几乎多出了一倍！”女孩的妈妈听完后，非常镇定地说：“我家的阿朵更厉害，自从上次找我要完钱，就没音讯了，不知道她怎么花的！”

看笑话一笑而过，可是其中的深意又有几个人能领悟呢？在如今许多女孩子的眼里，恋爱时花男孩子的钱似乎已经成了天经地义的事情。其实，20几岁的女孩要明白，爱情是爱情，金钱是金钱，只有当你学会并习惯自己为自己埋单，你才真正有资格得到一份真诚的爱情。所以，恋爱时请带上自己的钱包。

飞烟今年24岁，交过好几个男朋友了，可是往往最多只能维持短短的时间。飞烟的第一个男朋友是她的大学同学，大学时的恋爱都比较浪漫，而且男孩子家比较有钱，所以一直以来，不管是约会还是出去玩，都是男孩主动提出邀请并且独自付费。每次飞烟只是答应就好，至于花费的问题飞烟从来都没有管过。大学毕业后，男孩就和飞烟分手了。

步入社会后，飞烟又交了第二个男朋友，因为两人在同一个公司上班，所以平常中午两人都会偷偷约定去外面吃饭。可能是飞烟过惯了被宠的日子，所以这次恋爱一直以来也都是男孩付款的。可是时间一久，就出现了问题。因为男孩也只是一个打工者，靠着微薄的工资努力生活着。自从和飞烟交往后，男孩不仅半分钱存不着，而且还要付出多余的钱来“养”着飞烟，不久后男孩就因为钱的问题而提出了分手。就这样，飞烟换来换去，又换了几个男朋友，都没有很“稳定”的，而且每一个男友最后和她分手都是因为金钱问题。

每个女孩子都应该明白，不管怎样，如果总是去花男人的钱，会让你变得没有价值，好像你只能依附别人才能生存一样。不要总是无所谓地认为对方就应该为自己花钱，即便对方家里很富有。

或许有的女孩认为，他能为自己花多少钱，就代表有多喜欢自己。但是，真正喜欢你的人，未必是靠钱来把你捧起来的。钱可以被用来表达爱情，但是钱并不能等同于真情。有时候，女孩可能会因为钱而忽视爱情的真正含义，甚至幼稚地因为钱才和男人在一起，这样非但贬低了自己的价值，还会让人认为你是一个见钱眼开的女孩。

20几岁的女孩要明白，没有一个男人会去喜欢一个只懂得贪小便宜的女孩，也不会去喜欢一个拜金女孩。爱情不能用金钱来衡量，同样真情也不是对方为你花了多少钱能体现的。一个女孩如果想在爱情上和对方站在同等位置，那么就请维护自己的自尊，做一个在任何时候都能独立的女孩。

俗话说得好，天下没有免费的午餐，并不是所有的男人都有绅士风度。分手时，向女孩索要“恋爱清单”的男人也不在少数。那些曾经表达爱意的物品或外出游玩的钱，对方甚至会向你一一索回。这个时候，你也许会觉得对方是个卑鄙小人。可是，你是否想过，当初又是谁一直在拿金钱衡量爱情呢？如果你本来就已经把付出和金钱等同起来，那爱情破灭，对方收回自己的金钱，你又能说些什么呢？

20几岁的女孩，虽然现在是经济时代，但是你不能把自己当作廉价的货品一样去要价。感情不是交易，你也不是物品，任何人在爱情面前都应该拥有自己的尊严。所以，恋爱时，女孩一定要带上自己的钱包，即便有男孩推辞，你也要适时地为自己埋单。

3. 是“存钱”还是“存男人”？答案是存钱

相信很多20几岁的女孩都会问自己这样一个问题：存钱还是存男人？答案当然是存钱。钱存多久也是你的，男人倒是很有可能在某一天就变成别人的。

如果你是一个独立的女性，请自己赚钱买花戴。如果你失恋失意失落，物质会是你最后的堡垒。20几岁的女孩应该明白，钱存多久还会是你的，男人却不一样，也许你投入100%，最后却不见得能有10%的回报，他有足够的理由推托你——我已经不再爱你，我们的爱情储存期已经到头。

一个女孩认识了一个男孩，他是某家公司的总经理，人长得很英俊，还有房子。女孩一看这些基本情况都符合自己的要求，就有点儿迫不及待，在对方还没有进入恋爱状态时，她就已经主动想与对方谈恋爱。

在这个女孩子不太清楚这个男孩子真实背景的情况下，男孩子却看透了她的想法，所以经常编谎话骗她，告诉她自己如何有实力。后来，当男孩子说公司资金周转不过来向她借钱时，女孩认为这只是自己的一个小投资不算什么，她将来得到的会远比这些多得多。可是结婚后她才发现老公的公司是皮包公司，而且他还是个赌徒，房子更是早就抵押掉了。这时，女孩子已悔之晚矣了。

女人要想过上幸福的生活，总是离不开金钱的。只有当你掌握了自己的经济大权，才能掌握自己的命运。为什么要将自己的人生放在另一个人身上呢？每个女孩都有权利去寻找生命中的白马王子，但是当你找到后，当你把所有希望都放在对方身上之后，你有没有想过，面对以后生活中出现的困难和挫折，对方可能会有背叛你、抛弃你的一天？

有一部叫作《犀利人妻》的电视剧，讲述的是一个女人从家庭主妇到都市丽人的蜕变。故事中的女主角刚开始是一个把所有希望都放在家庭和丈夫身上的女人，可是当第三者出现后，男人变心了，开始经常不回家，态度怠慢，而她却只能默默地把泪往肚子里咽。最后，她终于明白自己当初的选择是多么错误，她决定让自己改变，最终重新找回了自己的事业和爱情。

女人想找一个有钱的男人做老公当然无可厚非，许多人都曾说：女人找老公，就是为了一张长期饭票。却不知，寻找“长期饭票”也有财务风险，除了要考虑饭票的“有效期限”之外，还要承受靠外表吸引异性的“折旧”风险。许多年轻女性就以为自己找了个大款，可是婚后才发现，自己找到的竟是个“贷款”。

聪明的女人都明白，婚姻原本就是一场赌注。既然是要看运气而断定输赢，那么为什么不放下提心吊胆，选择另一种方式舒坦地过日子呢？学会用自己的双手来赚钱，学会将梦想延伸，这样你才能真正感到原来生活中还有无限的精彩。

生活中的变数太多，婚变、伤残、疾病、失业、丧偶等都可能使家庭生计陷入困顿。即使婚姻幸福的女人，也有可能单独面对现实人生。而存钱无论何时都不会让你发生“亏本”问题。

所以，20几岁的女孩，不要把自己所有的希望都放在一个男人身上，女人就应该活得潇洒，活得精彩。努力挣钱和存钱吧，这样没爱的时候，还有钱可以助你享受生活。就算那个男人负心而去，你兜里的钱也永远不会背叛你。

4. 20 几岁学理财，30 岁后会有钱

钱不是万能的，但是没钱却是万万不能的。20 几岁的女孩，如果想要在十年后不为生计发愁，那么最好的办法就是从现在起好好打理现有的财富。只有学会理财，并且善于理财，才会在十年后收到自己给予自己的最大礼物——存款。

或许，对于刚进入社会工作的女孩来说，现在的工资还不是很多，但是只要你持之以恒，每个月从工资中拿出 10% 存起来，聚沙成塔，时间一长，你就会发现，原来在不知不觉中你已经拥有了一个属于自己的小金库。

美国有一位世界闻名的叫作尤拉·莱蒂里的女富豪，她 16 岁便开始跟随父亲闯荡商界，而她成功的基础，就是 16 岁时养成的存款习惯。

尤拉·莱蒂里最开始工作的时候，是在一家大公司当秘书，当时每个月的收入并不是很多，月薪只有 50 美元，可是她仍然把大部分钱积蓄起来，为日后的投资做准备。两年后，尤拉·莱蒂里已小有积蓄，便开始做粮食和副食品的投资生意，成了一个小有资本的年轻女商人。这时她仍然保持着储蓄的习惯，她还要积攒更多的资本，为今后的大投资做准备。

后来，在钢铁业掀起热潮时，尤拉·莱蒂里知道机会来了。她凭靠长期积蓄的财力，在一家老式钢铁厂拍卖时，不惜重金，每次叫价都比对手高，最终获得了这家钢铁厂的产权。这就是尤拉·莱蒂里以前积累下来的积蓄所发挥的作用，这也成为她日后登上商界顶峰的起点。十年后，尤拉·莱蒂里成为美国名人榜上屈指可数的女富豪。

如果你认为“我还年轻，30 岁之后再考虑理财也不晚”，那么你就错了。

一个人的青春岁月本就短暂，特别是对于女性来说更是如此。随着时间的流逝，当你已不再年轻，不再有20岁的青春活力时，才会幡然醒悟。为什么在20岁的时候，没有为30岁的自己做好打算呢？如今的自己非但没有什么存款，而且对于理财知识知道得寥寥无几，这个时候即便你再后悔，也于事无补了。

很多女孩在开始挣钱时，便落入到了“月光族”群体。她们把赚来的钱大把大把地花出去，有的女孩在花光自己所挣的钱后，还往家里要钱，由此慢慢发展成了“啃老族”。她们总是认为既然现在自己已经开始赚钱了，那么就可以随便地买那些自己曾经喜欢的东西了，再也不必受到任何限制了。

在著名的美国哈佛大学，第一堂的经济学课只教两个概念。第一个概念：花钱要区分“投资”行为或“消费”行为。第二个概念：每月一定要进行一定的储蓄，剩下来的才进行消费。接受哈佛教育出来的人，后来的生活大多很富有。并非完全因为他们是名校出身而收入丰厚，关键是他们的观念和行为，跟普通人的观念不一样。在这样一群人中，无论收入高低，他们都会遵守经济学课上学会的概念。

只要细心观察就会发现，身边那些被我们认定为“好命”的女孩，大都有一个良好的习惯，那就是储蓄存款。当她们不再年轻，并且在某个阶段经济条件不宽裕时，这张储蓄卡就能起大作用了。

据一项市场调查显示，很多职场新人尚未进行理财的原因是根本没有多余的钱去理，两成职场人认为自己没有进行理财的原因是缺乏理财的基础知识。还有很多的职场人士表示自己根本就没有理财的意识。对于女性来说，钱生钱是理财的重点，但光是存钱还不够，20几岁的时候，就要逐渐开始培养投资理念。虽然投资相对于存款来说风险较大一些，可能每个月都会有盈亏，但是只要你逐渐培养自己投资的能力，那么十年之后，你就一定能有一双洞察市场的眼睛。

20几岁的女孩，一定要开始学着理财，不要以为富翁的梦想太过远大，太过不现实。要知道，很多成功人士最初都是在这些“不现实”的梦想中起步的。他们比常人多出的只是一份毅力，从现在开始慢慢积累，那么十年后，你将收获不一样的自己。

5. 不要认为节约就是吝啬，那是美德

如今随着生活水平的提高，一度电、一壶水的价钱在人们心中逐渐变得微不足道，而人们曾经的那些节约观念也开始发生很大的变化。当曾经备受瞩目的“节约标兵”被冠以“吝啬鬼”的头衔而受到奚落时，我们也应该仔细思考一下勤俭节约的概念了。

在如今这个经济社会中，很多20几岁的女孩花钱如流水，只要自己喜欢，就不顾一切地挥霍无度。在她们眼里，节约早就已经成为“过去式”，不少人错误地把节约当作吝啬。其实，节约不等于吝啬，两者之间有着本质的不同。

陈晓是被现今社会称为“草莓族”（“草莓族”指的是一碰即烂，受不了挫折，抗压性、合群性、主动性、积极性均较差的人）的80后一代。

在陈晓还只有六岁时，父亲下岗了，整个家庭顿时陷入了困境。于是，从小学一年级入学直到现在就业，她总是带着母亲或自己准备的午餐，因为外面的饭菜太贵，而且营养也不够均衡，还是自己准备的吃得安心又经济。陈晓的这一习惯引起了公司很多同事的不解和嘲笑，他们认为陈晓就是一个标准的现代版“葛朗台”，连区区十几块钱的午餐都舍不得吃，还天天自己从家里带饭菜。

但是让人不解的是，当陈晓得知自己的母校遭遇发展瓶颈时，她二话不说将自己攒的钱全部捐给了母校。大家这才发现原来陈晓并不是个守财奴。事实上，她才是真正懂得勤俭节约，而且了解金钱真正使用价值的人。

节俭不等于吝啬。节俭，是不把钱花在不必要的地方，懂得节约的意思；而吝啬，是在有必要花钱时因为心疼而不肯花钱，眼中只有钱的存在。一个

人节俭习惯的养成，是一个日积月累、循序渐进的过程。如果每个人都能够在生活中养成节约的好习惯，那么这种生活方式会成为你永久的财富。

瑞典宜家公司创始人英瓦尔·坎普拉德拥有280亿美元净资产。但是，就是这位全球家居零售业的巨头,却被当地人叫作“小气鬼”。在一次采访中，对于自己的这个别称，他大度地说道：“我小气，我自豪。”坎普拉德平时不穿西装，而且总是光顾便宜的餐厅，至今他仍然开着一辆已有15个年头的旧车，甚至有人常看到他在当地的特价卖场淘便宜货。富翁约克思说得好：“吝啬每一美分，用好每一美分，才是财富增值的源泉。”

有不少20几岁的年轻人觉得如今生活好了，干吗还要像父辈那样节约？比如节水省电，在他们看来就是一种吝啬，是对生活太过于斤斤计较。可是，不知道他们又想过没有，为什么现在社会上的“月光族”和“负翁”会越来越多，为什么很多人已经到了独立生存的年纪，却还是要依靠父母的支撑？正是因为节约离年轻人原来越远，所以很多人才一直无法完全独立。

当然，在我们倡导节约的同时，也并不是让大家过苦行僧似的生活，而是提倡理性地享受生活——懂得节制、养成好的生活方式。例如穿衣，不必去追求什么名牌效应，不必过度追求奢华。吃饭，应追求以健康为主，并非每顿都要大鱼大肉，不但浪费而且还不利于人体健康。行走，可以以步代车，这样不仅锻炼了身体，还可以降低汽车尾气对大自然的破坏……生活中的这些一点一滴，其实我们每个人都可以做到。

一个人的节约习惯还可以影响周围的很多人，只要你开始行动，那么大家也会跟着去做，这种节约方式会影响很多人的观念，从而变成巨大的财富资源。

6. 不要陷入信用卡消费的陷阱

随着银行各种信贷业务的开展，信用卡已成功进入年轻人的日常消费，也受到很多喜爱提前消费的女孩子的青睐。虽然信用卡可以解决当务之急，可是如果盲目使用，很快你就会被拖进信用卡高额度偿还的陷阱中去。

20几岁的女孩，一定要懂得克制自己的消费欲望。信用卡的透支额越高，你要背负的压力就会越大。千万不要年纪轻轻就背上了沉重的“债务”，否则你很可能会成为还不起债的“卡奴”。

王莉莉留学归国后，在一家外资企业工作，尽管每个月的收入相对于普通人来说较高，但是她每个月的消费也不低。尤其是在办了信用卡之后，王莉莉花钱更加随心所欲了。

之后王莉莉每周逛街的次数增多了，平时下班后，她也会去闹市区逛逛。以前那些看上去华丽奢侈的东西，现在只要在刷卡机上轻轻一刷，那些东西就能全部拥有了。一想到不用先还款，还能把宝贝都买到手，她心里就十分高兴。就这样没有多久，她就把信用卡的一万多元额度全部用了个精光。

王莉莉本打算到年底发了年终奖再全部偿还借款，可是银行的催款通知书很快寄来，而且利息和滞纳金数额越来越大。这时她再也坐不住了，找来计算器一算，透支的年利息和滞纳金竟然折合20%——这哪里是信用卡呀，分明是“高利贷”嘛！每月的还款压得王莉莉喘不过气，于是，她决定向朋友借钱把所有的透支款全部还清，并把信用卡做了销户处理，从此再也不使用信用卡了。

其实，只要每天用简短的时间记录下当天的花费，再看看一个月下来的记账单时，你保准吓一跳——衣服、鞋、电影票、唇膏……平日的零星花费加在一起竟然那么多！人的心理是微妙的，很多时候，我们想通过刷卡来减轻现金支付的压力，觉得不是看着白花花的“现钱”出去，也就不会多么得心痛。

可是，今天支出了明天的收入，那后天又将如何生活呢？其实，信用卡仅仅只是贷款消费的工具，虽然正常消费中不需要另外支付利息，但是这就像是个无底洞，因为每个月需要及时归还相应款项。因此，一些非理性的消费者常常沦为“卡奴”。

生活中，我们能够少用信用卡的话就最好不用。很多女孩自以为聪明地用信用卡透支或通过消费方式套取现金，然后进行炒股、买股票基金等风险性投资。如果这些透支“借来”的钱使用不当，不但赚不到钱，还有可能背上一身债务，风险很大。

当然，有些银行经常会在一些节假日与商家联手进行促销活动，比如信用卡双倍积分、积分换礼等。但是“羊毛出在羊身上”，若消费者为了积分换取礼品而增加不必要的消费，则正中银行和商家的下怀。消费者经过“血拼”买回来大量并不需要的消费品，虽然换得了积分礼品，却要承担巨大的还款压力。

所以，20几岁的女孩一定要明白，尽管信用卡好处很多，但错误地使用同样也会带来种种弊端。在办理信用卡的时候，一定要弄清楚信用卡的种类和功能，否则，一旦被还款压得直不起腰就麻烦了。

7. 不做购物狂，买廉价无用品其实也是一种大浪费

电影《购物狂》中有这样一句话："购物狂是很漂亮的，购物狂是很开心的，购物狂是很好玩的。"现实生活中，很多女孩子也似乎就像是电影中的那个购物狂一样，总喜欢在不断的消费中追逐某种莫名的乐趣。

其实，疯狂的购物欲望大部分人都有，女性尤为明显。但是现实生活中又有几个人能随意去挥霍呢？如果你月薪仅仅三千，还喜欢买一大堆廉价商品，并且这些东西又没什么用处，那这叫浪费。

朱萧萧平时是个不折不扣的购物狂，尤其是每到商场打折减价的时候，就会忍不住手痒。后来，朱萧萧大学毕业后去美国读博，刚过去时没有奖学金，高昂的花销让朱萧萧一度收敛了几分。但自从拿到了第一次奖学金，经历了近一个月的疯狂血拼之后，朱萧萧似乎又有些收不住手，开始大手大脚起来。

当时美国正值金融危机，各大商场频频采取减价促销的策略，所以每当看到衣服、化妆品标价上大大的"Sale"时，朱萧萧就会抵挡不住诱惑，开始盲目消费。但是买回家之后又会发现，很多东西根本就用不着。和朱萧萧一起租房的室友戴安娜是曼城人，有一次朱萧萧忍不住向她倾诉了作为"购物狂"的苦恼，戴安娜笑着对朱萧萧说："以前我有个室友曾经跟你一样，也是刚开始花钱大手大脚，只不过现在她已经看透了这些促销伎俩。商家就是想让你们掏腰包，实际上商家是绝对不会亏本的。"

女人的钱好赚，这已经成为社会广泛公认的一条定律，因为她们总是容易一时冲动，再加上贪图促销优惠，所以"慷慨解囊"是再轻而易举不过的事。

打折、送购物券、积分送礼等促销手段层出不穷，时常让女孩子们丧失理智疯狂购物，买回一堆不必要的东西。

可能大多数女性都有购物的嗜好，然而，有的女性却是天生的“购物狂”。所谓“购物狂”，就是对商品有一种病态的占有欲。面对琳琅满目的商品，哪怕是对自己来说毫无用处或者是重复购买的商品，她们仍会不假思索地大掏腰包，甚至一天不买几样东西，就觉得心里堵得慌。专家称，这些“购物狂”患有心理疾病。一项国内消费的调查结果显示，在极端情绪下消费的女性高达46.1%。

现实生活中，很多女孩在琳琅满目的折扣商品区，听着促销员诱惑人心的宣传，常常会被催生出更多的需求。尤其是对于那些本就喜欢逛街的女孩来说，这些打折信息无时无刻不在引诱着她们。可能本来就为了买一件裙子而来，可是因为买一送一，或者在巨大折扣的诱惑下，一股脑地买了好几件衣服去结账，还美滋滋地认为今天算是占尽了“便宜”。

还有些女孩子在购物方面往往没有什么特别的计划，别人买什么，就是带动她们购买的导火线，这是一种与别人攀比的心态。

20几岁的女孩，应该让自己变得“理性”起来。要想理智消费，应该在购物之前先盘算一下急需购买的东西，用笔记下来，然后有目标地选购。如果只是为了买一件急需的小物品，不妨到一些小店去买，这样就不会产生额外需求。如果买的东西不急用，可以等到有更多东西要买的时候，再一次性到超市去购买，这样就减少了浪费的机会。

学会当个精明的购物专家吧，不要因为一时冲动或是被商家那些优惠政策诱惑，从而让自己的钱包又缩紧几分。如果实在想买东西时，不妨告诫自己：即使再便宜的东西，也是要花钱的。

8. 20几岁女孩要懂的投资策略

随着人们日常生活水平的提高，很多年轻女孩都喜欢把“月光族”当作享受生活、追求时尚的标志，甚至还有不少人总是刻意地去追求消费。也许年轻的你没有什么压力，暂时可以纵情挥霍。可是，等到你过了20岁，到了30岁的时候，还有太多资本去随意挥霍吗？

20几岁的女孩应该从现在起，就进行一定的投资。而掌握了一定的投资策略，你才能在30岁的时候，拥有自己的经济基础。

叶子是江苏人，今年26岁，除了令人印象深刻的灿烂笑容外，她的投资能力与理财意识更是让人惊叹。她常常笑着跟朋友讲：“我觉得身边任何一个资源都可以拿来挣钱。”

叶子的第一份工作是助理，在一年时间里，她跟着老板学习到了很多市场、营销方面的知识。随着慢慢融入深圳生活，她开始了近乎疯狂的投资理财之路。靠着之前将老家一套投资性房产转卖翻一倍的收益，她拿出其中一部分购买了股票和基金，虽然很多专家都分析熊市时间还会很长，可是基于对中国经济的足够信心，她认为从长线来看，现在的一切都不是问题，牛市迟早都会回来。

当然，卖房收益除了投入股市外，叶子还投资了房产，并与朋友合资开了一家健身房。提到健身房的投资，叶子颇为得意，因为在江苏的投资本金已经回来，现在正在考虑向其他市场拓展。“之所以能够迅速抢占市场，主要是要控制好发卡数量和价格，通过这个事先就能收回很大一部分资金维持运作，同时用价格差将客户锻炼时间合理交叉错位，营销活动跟上，基本上问题不大。”叶子笑着说。

除了日常工作，叶子还会帮别人做一些画册设计，给一些服装公司做顾问，帮助研究季度女装流行趋势，把握流行元素，帮助改款出样等，这些都会有一些额外收入。

通常情况下，一个人一生的追求，不外乎两件事：首先，没有什么灾难和恐惧的事情发生，也就是过太平的日子；其次，就是实现自己的希望和理想，这也是大多数女孩的奋斗目标。

如果想要过得幸福安康，那么在人生的不同阶段，就要有不同的理财目标，比如结婚、生子、孩子教育、改善家居、旅游、退休养老等，这都需要制订不同的理财规划，而理财的最终目的也是为了更加轻松地实现我们的追求。

那么，作为20几岁出头刚刚踏入社会的女孩，应该怎样做才能够有计划地定期投资，养成良好的消费习惯呢?

1. 股票投资

把钱放入股市。略为保守的可以分散一部分资产在债券上，而在股票投资上，也可以持有较多的中小盘股票。为了达到风险的分散，股票投资部分也可以分散在不同投资风格的股票上，保持价值型股票和成长型股票的比例平衡。你用不着学习要投资哪只股票：找一家低手续费的公司，从他们那里买一只费用低、分散投资的指数基金，这样就可以减少风险。

2. 基金投资

很多年轻人认为这个时期没有本金，何谈股票投资? 其实年轻本身就是资本，而且越早投资收益越高。对于稳定货币资源来说，基金就是最适合女性朋友的投资方式之一。

本金少的女孩，可以采用定期定额的方式购买基金，每个月只需几百元，不仅能够获得专业证券理财所带来的高于银行和国债利息的分红，而且可以有效回避股市较大的风险。由于年轻女孩的风险承受能力较高，可以选择股票型或是配置型基金，以追求较高的收益率。

3. 储蓄投资

其实，对于20几岁未经经济风险的女孩来说，最保守的投资就是在银行设立储蓄账户。每当发工资时，就拿出百分之多少存进去，钱多钱少视自己的情况而定。当其他投资出现风险时，这个就是你的定心丸。

4. 生意投资

20几岁的年纪，已经初入社会开始了奔波，聪明的女孩不会一门心思靠着工资来吃饭，她们通常都会在业余时候努力为自己另外“充电”。例如当下网上商店的流行，深得一些女孩的青睐。一些女孩利用平时周六日不上班的时间，去批发市场淘点衣服、小饰品，然后再拿到网上卖，对网店不需像实体店一样天天守着，你只需上网溜达一圈，按照订单发货就好。这样一来，就可以收获除了工资以外的“额外”收入。如果定期发展，那么你一定会积累不少的积蓄。

一个20几岁的女孩，需要科学的规划和投资，不管投资金钱还是自己，都要为长远的利益做好打算。把投资作为一个好的习惯去培养，那么它就是连接财富与理想的快速通道。

第八章

懂一点职场潜规则绝对没坏处

1. 职场不怕“被利用”，就怕“你没用”

有句话说得好：英雄总是被利用的。或许，在很多20几岁的女孩眼里，“被利用”这三个字眼显得人太有心计，可是从某个方面来说，能够被人利用，不也正好说明了你自身所拥有的价值吗？

职场是一个卧虎藏龙的地方，处处都是“陷阱”，处处也都是机会。如果你能用全力在这个舞台上一展才华，被人“利用”又有什么不可以呢？其实，真正怕的是你没有被利用的价值，永远也无法成为公司的重心，劳劳碌碌很多年，却还是一个被人忽略的角色。

刘芳今年24岁，在一家私企做助理，她的工作虽然琐碎，但是都比较简单。一开始的时候，她非常积极主动，对工作饱含热情，可是时间一久，她慢慢就开始有点厌倦这种循规蹈矩又相当杂碎的事情了。她以前总是早早就开始工作，可是现在却老是上班迟到，工作态度渐渐也不认真了，总是做一些无关紧要的事情。

跟刘芳一个公司的老员工，十分好心地提醒她：“你现在还年轻，赶紧多学点东西，这样对你以后铁定有好处的。”可是虽然表面上接受了指点，刘芳依旧还是我行我素。有一次，老板接到一个项目，让她立刻拟订一份合同，可是刘芳忙了半天都没弄出来。老板那边的客户等得非常着急，老板也是面色铁青，非常生气。后来老板带着她去接见一个英国客户，除了基本的礼貌用语外，她说起话来结结巴巴，尽管以前是英文专业的，可是将近一年的时间没有使用和温习，她居然连老本行都忘记了。后来，老板辞退了她，在她临走之前，老板说：“我们公司不养闲人，像你这样只会给公司带来损失，而且你在公司的价值也没有体现出来。我们需要的是能为公司创造价值、带来利益的人才。”

一些人际关系心理学家认为，互利是人际交往的一个基本原则。尤其是在工作中，老板要的就是你的价值，如果你没有任何可以利用的价值，那么留在公司还有什么用呢？老板请你来就是因为看重你的能力，在竞争日益激烈的职场，要想不被淘汰，你就只能提升自己“被利用”的价值。

“被利用”听起来似乎功利了一些，可这就是职场的游戏规则。任何公司都不会聘用一个肚中空空的人，这样不但会给公司造成损失，而且还会影响整个团队的进展。一些20几岁的女孩，总是毫无顾忌地在公司玩乐，做一天和尚敲一天钟，没有半点进取之心，这样的人早晚会被职场淘汰。

很多年轻的女孩总是抱怨，为什么自己有困难时同事却不帮助自己。但是你有没有想过，当同事需要你帮忙的时候，你又能为他们做些什么呢？20几岁的女孩应该明白：是公司成就了你，而不是你成就了公司。聪明的女孩会在发展事业的过程中努力提升自己，只有当你被利用的次数越多，才能逐步提升自我的价值。因此，愿意奉献与付出的年轻女孩，才能受到企业的欢迎，成为企业里的“大忙人”与“抢手货”；而那些无能或无德的员工，则一定会受到企业的冷落，只能成为企业里的“大闲人”与“蹩脚货”，并最终被公司淘汰出局。

职场不是一个等待你成长的地方，在这里，只有“真枪实战”，只有拼命地勇往直前。不要以为自己天生就是做大事的料，大多数人都是从底层开始做起的。如今的市场竞争日趋激烈，追求利润最大化已经成为企业发展的重中之重。而利润又是谁来创造的呢？是由全体员工创造的。因此，不要认为企业家就是“周扒皮”，你被“利用”，才证明你“有用”，才证明你有“价值”。

刚刚踏入职场不久的20几岁的女孩，一定要为公司创造财富，而且要把为公司创造财富当作神圣的天职、光荣的使命。这样，你的被“利用”才能体现出你的“有用”，才能被领导重用。

2. 记住：公司是老板的，舞台却是自己的

莎士比亚曾经说过：我们宁愿重用一个活跃的侏儒，也不要一个贪睡的巨人。职场中，有不少人总是喜欢将抱怨的话放在嘴边，在他们看来，为老板打工太累了，而且毫无乐趣可言。甚至有些人在公司就是混日子，一点进取之心都没有。

其实，每个人每天所做的事情，都是在为自己的成功铺路搭桥。如果消极怠工、敷衍了事，那么成功之路恐怕会崎岖坎坷，成功会遥不可及。所以，对工作有利的就是对自己有利的，公司是老板的，舞台却是自己的。

王洁和李谅在同一家工厂里做事。平时上班的时候，王洁总是一副心不在焉的样子，而且领导安排的任务，只要做完了，他就开始玩别的，根本没有考虑过其他工作。而李谅却不同，只要做完了手头的工作，她总是会敲开经理的门，然后向经理请示，并且接手一些工作范围之外的活。每天下午，时钟刚刚指向六点，王洁就结束手上的工作，麻利地换好衣服，第一个冲到打卡机前准备下班；而李谅却总是不慌不忙地将手上的工作完成，再仔细检查一遍，确定没有问题后才打卡离开。

一天，两个人在酒吧聊天，王洁耷拉着脸对李谅说："姐姐，你让我们大家很没面子。"面对同事的指责，李谅有些疑惑。"你的做法会让老板以为我们不够努力。"王洁停顿了一下，接着说："要知道，我们只不过是在为别人工作，何必那么认真。你看你每天都这么辛苦努力，还不是拿着和大家一样的钱，领导也没有说给你涨工资，你这样不是白白浪费自己的力气么，还不如学学我们，分内的事情做好了也就够了，何必让自己那么有压力呢？""不错，我们的确在为老板工作。"李谅肯定地说，"但我们更是在为自己的梦想

工作。”

德国化学家本生说过：人生最大的快乐不在于占有什么，而在于追求什么的过程。其实，每个人做的都是在为自己工作，都是在为自己的成功铺路搭桥。工作中要么忙里偷闲或不出工不出力，要么上班迟到、早退，这些人也许暂时没有受到处罚，但如果照此下去被炒鱿鱼是早晚的事。

如今，有很多20几岁的女孩对于薪水常常缺乏更深入的认识。其实，薪水只是工作的一种物质回报，是暂时的劳动支出报酬。工作能够丰富我们的经验，增长我们的智慧，激发我们的潜能，这些都将会是你终身受益的财富。这些经验的价值要比一时的金钱重要得多，它们既不会遗失也不会花光。

年轻的女孩们应该明白，一个人无论从事什么行业，担任什么职务，心中都应该常存责任感，要热爱自己的工作，时刻表现出忠于职守、尽职尽责的敬业精神，不仅要完成自己分内的工作，还要时刻为企业着想。公司是个大舞台，只要你能够认真付出，并且不断地提升自己的能力，那么不管你到了哪里，这个舞台都将为你所用。只要你把工作当作难得的学习机会，不断地从中学习处理业务和人际交往的经验，就可以获得更多的知识，就能为以后的工作打下坚实的基础。

认真工作的员工不会为自己的前途担忧，因为养成了良好的习惯，他们到任何公司都会受到欢迎。20几岁的女孩应该在职场这个大舞台上，好好锻炼自己的能力，不断从工作中吸取更多的经验和教训，只有这样你才能够越来越成熟，才能慢慢在自己的舞台上展现出最夺目的自己。

另外，总有那么一些人喜欢在暗地里做些小动作，以此来逃避工作，却不愿花相同的精力来努力完成工作。他们以为自己骗得过老板，其实，最终愚弄的却是自己。老板或许并不能对每个员工都很了解，但是你在公司做出的业绩却是实实在在的，总有一天好运会落到你头上。

20几岁的女孩，只要能够保持一种积极的工作态度，那么你就能得到他人的称赞和认可。在你得到这些的同时，你的能力也已经随着付出而提高，你已经为自己的将来铺就了一条幸福之路。

3. 一定要爱你的工作，千万不要爱你的上司

国内大型招聘网前程无忧就“如果双方都是单身，你会和上司谈恋爱吗？”这一议题做了网上调查，一共有 2195 名网友参加。其中 51% 的受访者表示不会和上司谈恋爱，49% 的受访者表示会。反对与支持的比例几乎平分秋色，可谓各持己见。

其实，在职场上，不仅仅只有工作带来的硝烟，还会有风花雪月的故事在不经意间上演。对于正处于青春洋溢年纪的 20 几岁女孩来说，如果有一天丘比特之箭射中你和你的上司，你是否会无力支招呢?

虹影的老板非常体恤下属，他会自己坐出租车去参加会议，却让司机开车去机场接出差回来的同事。就冲这一点，虹影无怨无悔地为这个老板工作了许多年。加之老板年轻英俊,虹影自然心生爱意。老板知道了她的心意后，并没有拒绝她，而是倍加照顾虹影 ，还时不时地约她出去吃饭。

半年后，老板把虹影调到身边，让她跟着他出去跑业务。出于对老板的感情，加上老板的提拔，虹影更加卖命地工作了。在之后的日子，虹影总是控制不住地想他，走到哪里心里都有老板的影子。有时下班了也不愿回家，更愿意待在办公室等老板回来。深谙职场之道的虹影知道不应该爱上自己的老板，但她控制不了自己。她想离开，也辞职了好几回，但都被老板拒绝。后来某一天，虹影忽然听说老板已经是已婚男人了。当她打算去找老板问个明白的时候，却收到了被解聘的通知。虹影这才明白，自己不过是被老板利用的工具罢了。

在如今开放性的社会里，办公室恋情已屡见不鲜，但是经过观察就会发现，但凡爱上上司的女孩大都没有幸福的结局，要么被辞退，要么发现自己只是上司消遣的工具。所以，残酷的事实告诉我们，20 几岁的女孩可以爱上你的工作，但是绝对不能爱上你的上司，否则多半只能自食其果。

20 几岁的女孩，别说你不懂，不要再装糊涂，别把浪漫看得比自己的饭碗重要，别天真到信以为真：办公室不但能按月发你薪水，还能配送爱情。办公室从来就不相信爱情，所以千万不要糊涂地爱上你的上司。

上下级的恋爱总是免不了带着一层利益关系，很多女孩爱上的也许是老板的权力和金钱，他能让你的命运在他的手里扭转乾坤：今天的你不过是个小秘书，明天有可能成为他的左右手。男老板爱上女雇员如若不是看上她的姿色，就是想利用其能力。当你的价值不再的时候，你的上司绝对不会为了私情而继续把你留在身边。

生活中很多人常说，恋爱无处不在，真爱无价。就算是大街上的两个人，说不准一眼就钟情了，但是这多少还是有点莽撞的，毕竟真正的爱情应该建立在信任和责任上，而不是凭一时的好感。和上司谈恋爱是一件非常不切实际的事情。俗话说得好“伴君如伴虎”，你难道就没想过，为什么天上会掉这么大的一块“馅饼”，而且还偏偏“砸”在你头上？工作忙碌，每天和同事相处的时间比家人和朋友还要多，异性同事之间是很容易产生感情的。但如果是和上司谈恋爱，女孩子就一定要认真思考一下了，要想清楚自己是否能够担得起将来可能付出的代价。

不要爱上你的上司，即便你对他心存好感，也别看在眼里爱在心上。毕竟，他不能给你结果，你不能给他承诺，爱来爱去难免受伤，还影响了自己的大好前途。很多时候，你对老板的痴迷，也许只是一种错误的尊崇。既然如此，那么就把它当成是一种对明星的崇拜吧，千万别妄图通过表白成为他生活中的那个人，否则到最后，你不但得不到自己想要的结果，甚至还会丢掉自己生活的本钱。

20 几岁的女孩，虽然正是花开的年纪，但是不要盲目地随便爱别人，尤其是你的上司。一定要学会先爱自己，先把自己的职责任务理清楚，再去充分利用工作之外的时间，开始一段美好的爱情。

4. 职场不相信眼泪，不会因为你是女孩就对你特殊照顾

当今社会，越来越多的年轻女性走出家庭，投入职场。她们和男人一样用知识用双手装点着多彩的世界。在这个日新月异的时代，职场不再只是男人的天下，女人和男人一样拥有成功的机遇。

但是，一旦置身于竞争激烈、处处危机的工作中后，很多女性常常因为受不了压力和挫折而连连叫苦抱怨，甚至有些人会不分场合地发泄哭泣。但是，女性在职场上掉眼泪，不仅得不到别人的同情，还会被认为是脆弱、没有能力的表现。

美华是一家公司的主管，最近她接到公司员工对她的下属王筝的投诉，原来，王筝是一名新员工，本来工作一直都挺好的，但最近不知道怎么回事，经常让别人代打卡，而且一打就是好几天。由于是网上打卡，找她办事的人总是以为她还在公司，可是打她手机，才发现她已经休息了。美华还了解到她最近每个月必定会休息一周，理由是自己例假来了身体不舒服，但是却没有走正常的请假程序。

美华被公司老总叫去谈话，要求她对手下的员工做好管理工作。老总明确告诉她，最近公司走了的一大批员工中，最后做离职面谈时谈到最多的问题就是质疑公司的规章制度和监督制度。后来美华对王筝说："如果公司每个女孩都像你一样，有了一丁点病痛就无故旷工，那么这个公司还怎么运作下去？不要以为自己是女孩子，公司就会给你任何优厚待遇，职场从来就没有软弱一说，也从不相信眼泪，所以，你要为你的行为负责。"

在我们抱怨上天不公时，抱怨上天给别人的好运比自己多时，是不是也

该反省一下自己是否做出了和别人同样多的努力？你是不是也具备同样的实力？机会总是光顾有准备的人，不要因为你是女孩就放松对自己的要求，职场上没有人理会你是不是女孩，只有你具备足够的实力，才会有更多的机会。

职场不相信眼泪，更不会同情弱者，优胜劣汰是每一个人都必须遵守的运行规律。如果没有与时俱进，总是满足于现状，那么你必然会成为职场上的下一个被淘汰者。

1987 年 9 月 15 日，兜里揣着几年时间攒下来的 200 多美元和对未来的憧憬，22 岁的俞渝踏上了前往旧金山的求学之路，毕业后她一直在华尔街摸爬滚打。后来回国，一位投资商告诉俞渝近年来办网站在中国越来越火，在投资商的鼓动下，俞渝开始认真研究起互联网，思考可以做什么、应该做什么样的网站。

一次她去书城买书，一楼跑到四楼，在四楼选了书，还要到一层的款台去付款，而且很难找到自己要买的书。书店的这种购物模式让俞渝觉得很不爽，她觉得让人花钱花得不爽是个大问题。同时，世界网络图书零售巨头亚马逊的成功，给她提供了很好的范本，于是俞渝的想法开始成形，她要将亚马逊带到中国，成立一个网上中文图书音像超市。

最终，凭着自信和敢于创新的精神，俞渝说服了众多投资者。1999 年，通过国际融资，她与丈夫李国庆一起开始了当当网的创业，又共同出任联合总裁。如今的当当，是一个多元化的“大卖场”，是中国最繁忙的音像、书籍和音乐网站，“响当当”地为广大读者奉献着丰盛的大餐。俞渝，便是那位掌舵者和执行人。

在职场中，除了老板或者投资者，每一个人都是不折不扣的“打工者”，心有自知之明，摆正自己的角色位置，做好自己的本职工作，才能赢得更多的好评。在职场中，有不少女孩似乎总希望自己能够得到他人的同情和帮助，这其实会遭到别人的反感。

职场需要女人具有更加理性的思维逻辑和处事作风，不要把生活中的一些小家子气带到职场中去。哪怕你在职场中遇到了天大的委屈，你再想哭再想发泄，行动上还是要自我约束，要让大家看到一个成熟、稳重的职业女性的模样。

20 几岁的女孩，在面对自己的错误时，应该坦然接受上司的指责和批评。职场绝对不会因为你是女孩，就给你过多的宽容和照顾。职场是没有硝烟的战场，它不相信眼泪，只相信成功者的笑声。

5. 同事的恭维就像香水，可以闻但不要喝

恭维的话谁都喜欢听，尤其是整日被枯燥的文件和繁杂的公务包围着，内心会涌起一种渴望：希望能够得到别人的认同，得到别人的恭维和关心。可是很多时候，恭维就像是一把双刃剑，让人愉快的同时，也会伤人。

职场上，但凡聪明的女孩都懂得如何享受恭维，却又不会因恭维而迷惑受伤。大多 20 几岁的女孩由于涉世还不深，所以只要稍微听到一些恭维自己的话，便有些飘飘然了。只是事实证明，对同事的恭维动心是很危险的。

美国前联邦调查局局长胡佛，是一个心计颇多且为人狡诈的人。他任职期间曾经规定，所有的特工体重都不许超标，也就是说要控制食量。

有一次，一名胖特工得知自己将要被提拔为迈阿密地区特警队的负责人，而胡佛则是当面要接见他的人。为此，这名胖特工心里十分着急。因为自己肥胖的身躯，怎么才能够顺利通过局长接见这一关呢？

功夫不负苦心人。胖特工在被胡佛接见之前，特意买了一件号码比平时穿衣大得多的衣服。因为这会给人一种假象，就是减肥卓有成效，至少已经减掉四五公斤体重了。到了被接见那天，胖特工特意穿上这身大号衣服去见胡佛，一见面就感谢局长提出的控制体重的要求，他一本正经地说：“局长要求控制体重的指示太英明了！这简直就是救了我的命啊……”

胡佛听得沾沾自喜，仔细端详了一阵，不但没批评他，反而还连连夸奖，鼓励他继续带头瘦身。就这样，胖特工顺利地过了关，如愿以偿地到新岗位任职去了。后来当胡佛知道了事情真相后，说了一句发人深思的话：“谁越喜欢恭维，谁就越可能被恭维者支配。”

渴望被人赏识是人的基本天性，谁都不例外，被恭维也算是好事。起码，恭维能使人情绪平静，使人感受到被关爱，得到别人的恭维，生活就会多出许多美妙的情绪体验。不过很多时候，恭维就像香水，可以闻，但不可以喝。有的女性在听到同事的恭维时，会很容易动心，即使明知别人是在故意奉承、吹捧她，时间一长也会被迷惑。所以，懂得怎样听同事的恭维也是一种智慧。

20几岁的女孩，由于还没有深入了解职场，所以在这个暗箭难防的“战场”上，很容易被一些居心不良的人伤害。而这些无形杀手就是被你认为很甜蜜的“语言炸弹”，因为这就是他人借机使用的障眼法。尤其是和你有利害关系的同事，对待他们的恭维，你更要倍加小心。

在职场上，同事之间既是竞争关系，又需要相互合作。不要单纯地认为你可以忽略利益关系而和同事成为好朋友。有句话说得好：有利益纷争的地方，就没有绝对纯粹的情谊。职场本就是一个利益的结合体，如果无法认清眼前的事实，总是以一种很单纯美好的心态去面对的话，可能很快你就会卷进一场“阴谋”之中。

古人常讲“防人之心不可无”。在职场上，不少20几岁的女孩只要取得了一点小成绩，便会得意忘形，无法走出自以为是和孤芳自赏的小天地。而职场上那些居心叵测的人，抓住她们这种幼稚的心理，用恭维的话瞬间迷惑她们。

其实看看身边，大凡有成就的人，一定是懂得理智对待他人恭维的人。对于别人的恭维，听听就罢了，聪明的女人绝对不会因此而沾沾自喜。因为她们明白，这是自己最为放松的时候，也是敌人最容易“投机取巧”的时候，所以她们会给自己加上防备的保护锁，不会轻易松懈。

20几岁的女孩在涉入职场后，一定要明白忠言逆耳利于行的道理，把那些对你的成长真正有利的良言留下，把那些刻意的恭维过滤掉。只有保持清醒的头脑去应对职场上的斗争，你才会明白，有时候香水虽然好闻，但若喝下去便是毒药。

6. 不要评论自己的公司，更不要评论你的上司

俗话说：有人的地方就有是非，有女人的地方，是非更是风起云涌。工作休息时间，同事聚在一起聊聊天是常有的事，但是很多刚入职场的年轻女孩因为不懂职场规矩，说话常常毫无顾忌，只图一时痛快，因此无形之中得罪了人还不自知。

年轻的女孩要明白，办公室里是非本就很多，如果你经常性地议论公司或是上司，也许一个不小心，这些议论就会被好事者传到上司耳中。或者更有一些利欲熏心的小人，借用你的议论，在大肆渲染之后作为成功晋级的跳板。所以，虽然20几岁的女孩没有太多的心机，但也不要过于单纯，如果天真地在公共场合谈论公司或者上司，最后你可能会遭遇意想不到的严重后果。

孙丽在北京中关村的一家计算机公司做高级程序员。一次，老板交给孙丽一个难度很大的任务，并事先声明："这件事难度大，你敢不敢承担，敢不敢接受挑战？"尽管孙丽明白自己的实力，但她觉得在公司众人中，老板主动找她征求意见，说明老板器重自己，所以她一咬牙就接受了。结果，由于老板给的期限较短，孙丽没能按时完成任务。

事后，老板不仅批评了孙丽，还对她做了相应的经济处罚。可孙丽认为，任务这么艰巨，做不完本是预料之中的事。自己当时那么努力，没做完也不该算是工作失误。于是，她跟身边的同事聊天时，抱怨道："老板真过分，这么短的时间里，让我干那么难的活儿，我都说做不了，可他非让我做，没做完还罚我。"不久，这话便传到了老板那里，老板虽然没有多说什么，但是很快孙丽便被调到了一个不起眼的部门，而且再也无人搭理了。

所谓“说出口的话，泼出去的水”，不管你事后如何后悔，终究是收不回来了。职场本来就是一个竞技场，每个人都可能成为你的对手，即便是合作很好的搭档，也可能突然变脸，他知道你越多就越容易攻击你，你暴露得越多就越容易被击中。所以在职场中，最大的忌讳就是随意地搬弄是非，尤其是和公司及老板沾边的事。

比尔·盖茨曾告诫他的员工“不要在背后议论领导”，议论别人往往会陷入鸡毛蒜皮的是非口舌中，纠缠不清，甚至会给自己带来不必要的麻烦。因为职场既是一个充满原则、纪律、讲求策略的地方，更是一个充满利益冲突的是非之处。

或许，有很多年轻的女孩子本身就性子直，而且喜欢向同事倾吐苦水。虽然这样的交谈富有人情味，能使你们之间变得友善，但是研究调查指出，只有不到1%的人能够严守秘密。所以在“吐露心声”之前，要设想一下自己的言论是会为自己赢得同情还是带来危害，衡量对方是否真的值得信任，只有这样才能保护自己处于安全地带。

职场新人一定要学会处理好职场中的人际关系，少说话，多做事，不搞小团体主义，更不要与别人随便议论公司的人和事。遇到别人说三道四，先不用理会，就当没听到，摆正自己的心态。如果事情到了很严重的地步，可以据理力争，讲清事实，但还是以团结和气为好。

很多时候，论是非、讲是非之人，本身就是是非者。对待是非者，唯一的办法就是沉默。有时候，沉默能让你离开是非之地，沉默能让你绕过烦恼，沉默里蕴涵着许多做人的道理，沉默就是金。无论职场是非，或是人生是非，只有自己懂得放下，懂得保持正确的人生态度，才能够让自己活得更加洒脱。

所以20几岁的女孩一定要切记，不要轻易议论公司和老板，包括很小的细节，因为领导会据此来判断你的品质和可信度。世界上没有不透风的墙，如果你想明哲保身，远离这些是非，那么听到办公室的一些八卦新闻时，请一笑而过吧，这样你的职场之路才能走得更稳、更远。

7. 不想当炮灰，就不要成为任何派别的一方

在某些职场励志类电视剧中，时常看到办公室中，有些员工分成几个阵营来互相争斗、互相攻击。虽然电视剧是现实生活的夸张和浓缩再现，不过这种“门派纵生”的情况在真实的职场生活中也大有所在。

尽管派系之争在所难免，但最终的结果基本都是不善而终。在今日的职场，如果不想最后沦为炮灰，就不要参合到公司的任何派别中去，以免惹祸上身。

采萱进公司不久，就发现在这个只有十多人的部门里，有一个三四人的小圈子。这几个人相互干活之间特别默契，但对这个圈子外的人则多少有点不配合，有时甚至暗中使绊。部门经理有时也是睁一只眼闭一只眼，而这个圈子的核心人物在无形之中的影响力似乎比经理还大。

这些天，该圈子里的马大姐中午有事没事跟采萱套近乎，似乎想让她加入这个圈子中去。另外，这位马大姐还表示自己想给她介绍对象。采萱知道马大姐是想拉自己“下水”，可是她又有些犹豫。毕竟公司是明文规定禁止员工组成小圈子的，像这样私下组成的员工圈子在公司是要受到严重处罚的。

可是采萱想了想，如果不进他们那个圈子，今后自己在工作中难免会遭到刁难，最后她终于想出了一个法子，她对马大姐说：“您不知道，昨天经理还说给我介绍一个他的远房亲戚呢，我都不好意思，原来自己的个人问题这么受关注。”马大姐听后立马就明白了，心想采萱现在可能是经理身边的人，于是，马大姐也含糊地说道：“噢，这样啊，这不是看采萱你年轻又能干，才受到同事们的欢迎吗？”采萱微微一笑，从那以后，再也没有人来拉采萱“下水”了。

职场斗争虽然险恶，但是办公室的人员也算是一个大家庭，如果不想成为被孤立的对象，就不可断然拒绝他人的邀请。如若被同事暗示加入某个小团体中，你应该清楚认识到自身的位置以及要承担的代价。

人的最本质特性就是社会性，人们总是接纳同类、排斥异己。所以，与同事多“同流”的确会帮助你尽快摆脱困境，但是也要明白，在“同流”的同时，还应该分清对与错，是与非，不要一味瞎掺和。对于不正确的事情，就应该予以抵制，这样才能让自己走出迷茫的职业圈。

很多时候，若一个公司内部出现了团队上不同派别的争执，会导致工作上的沟通不畅，效率降低。这不仅会让公司遭受损失，还会引发尖锐的内部矛盾，对整个公司都是一种不良的影响。如果你主动迎合的话，那么日后这些必将成为别人攻击你的把柄。这个时候，你就会百口莫辩了。

那么，在面对这些争斗的时候，应该怎样做呢？其实，最好的办法就是紧闭你的嘴巴，不要随意发表自己的意见。尤其是不要随意把别人的话传播出去，无论你听到什么或者看到什么，都要谨记祸从口出。

此外，还要避免和这类人相处，因为工作原因不得不和对方交流时，就选择做一个合格的听众，只倾听，不发表任何的意见，不时表现出自己心不在焉或者没有兴趣的样子，让他们感到无法将你拉拢。

20 几岁的女孩要明白，职场中最重要的便是对公司保持忠诚，这样别人就不会有什么理由去排斥你，你也可以站在公司的公平角度去保护自己，不陷入“党派之争”中去。

8. 你的任何努力或者敷衍，都会被上司看在眼里记在心里

现实生活中，有些人对待工作难免有这样一种态度：公司是老板的，自己只是一个打工者，拼死拼活那么卖力气干吗？所以平常在工作中，只要老板一不在，他们立马就放松了原先认真的工作状态，对待工作可谓一片敷衍之态。

其实，老板不是傻子，也不是瞎子，你是默默地认真做事，还是敷衍了事，老板都会看在眼里，记在心上。也许当时老板并不会对你的工作做出什么样的评价，但是等到真正重用人的那天，这些平常积累起来的“小动作”就对你的自身价值起了大作用了。

美国著名心理学家卡耐基，曾经聘用过两名年轻的女孩当助手，替他拆阅信件并分类。两个女孩同一天进公司，刚开始都表现得忠心耿耿。但是好景不长，其中一个女孩虽忠心有余，但是在工作中却粗心、懒惰，而且明显能力不足，平常也不虚心好学，就连分内之事都常常不能做好，结果遭到了卡耐基的解雇。

而另外一个女孩在努力做好本职工作的同时，还常常不计报酬地干一些并非自己分内的工作。比如，替老板给读者回信等。她常常利用业余时间认真研究卡耐基的语言风格，以至于她的回信和卡耐基自己写得一样好，有时甚至更好。她一直都坚持这种做法，并不在意卡耐基是否注意到自己的努力。当卡耐基的秘书因故辞职，需要挑选合适人选时，卡耐基自然而然地想到了这个女孩子。

虽然看似是在为老板的公司而工作，但实际上你更是在为自己而工作。

员工的工资和奖金都要靠着自己的工作业绩才能够换取。不要天真地以为自己是为老板打工，以为公司那么多的人，老板一时也顾不上自己就可以偷偷懒。

其实，尽管有些时候老板的确会因为自身工作繁忙而无暇顾及到你，但是也会考查你的工作业绩和工作质量。事实上，不管在任何公司，每个老板都会看重拥有老板心态的打工者，因为他们做事执着，将老板的事业看成自己的事业，在实现自己心中梦想的时候也成就了老板的事业。

那些刚刚步入社会、走进职场的20几岁的女孩要明白，正所谓“心态造就人生”。那些不思进取、得过且过、怀有“打工心态”的人，永远都做不成老板；那些牢骚满腹、抱怨频频、怀有“怨妇心态”的人，永远也当不了英雄。如果摒弃消极的打工心态，成就老板心态，就一定能够走向成功。

试想，拿同样工资的两个员工，一个只是做好自己的本职工作，一个在做好分内工作的同时还能分担其他的责任，你说老板更喜欢哪一个？其实老板心里任何时候都是有数的，也不会亏待一个努力工作的人。要知道，良好、端正的工作态度，是一个人获得成功的关键。

另外，多做分外事，对员工的成长是大有好处的。首先，多做一些分外工作，会让自己收获良好的声誉，这是一种无形的财富，对将来的发展会有很好的帮助：其次，做分外的工作，会让你有更多的锻炼机会，这对于自身的发展是很有裨益的。

任何一个女孩子都应该明白，工作绝对不是做给老板看的。你的每一份付出和每一分努力，实则都是在为你将来的成功打基础，提升的是自己的能力。20几岁的女孩，应该更加清楚自己以后的职业道路，应该对自己的工作做出一个清晰的未来规划。当你不再抱着是为老板工作，看老板眼色行事的心态时，你才真正走向了成熟。

第九章

20岁以前可以不漂亮，20岁以后不漂亮就是你的错

1. 世界上没有丑女孩，只有懒女孩

在由日本动漫改编的电视剧《完美小姐进化论》中，有一个名叫中原须奈子的女孩，从最先的邋遢到最后的端庄得体，她的美丽转变让不少观众为之震撼。而这部电视剧的热播，也让不少年轻的女孩子认识到，原来世界上真的没有丑女孩。

其实，生活中真正天生丽质的女人不多，有些女孩为了留住美丽，终其一生都在学习和研究美容美体知识。20几岁的女孩要明白，花开无多期，如果想让美好的花季长久停留，就不要懒散地对待自己。从现在开始，努力改造自己，让自己时刻展现出最美的一面吧。

她可能是目前台湾地区最美的女星，她是当红明星大S眼中推崇的“真正的美容大王”。她19岁出道，旅居日本两年，带回了亚洲最前沿的时尚理念，短短几年，她做模特、拍戏、当主持——她就是吴佩慈。

吴佩慈可谓是大众公认的美女，她在东南卫视主持的《美丽佩佩》一经推出，很快便得到众多女性的青睐，她常常挂在嘴边的一句话便是：“任何女孩都有要求变美丽的资格。”

吴佩慈那凹凸有致的身材几乎人人羡慕，她说自己平日里最注重的就是饮食了。吴佩慈的外公是中医，像十全大补汤、红枣汤、鸡爪汤等，她从小就没少吃过。她将自己的保养秘方如数公开在自己主持的美容节目中，帮助更多的灰姑娘蜕变为公主。

丑不是郁闷的事情，每个丑女孩照镜子的时候，都要坚定地告诉自己说：我很漂亮！自己只是被一层厚厚的物质包裹了，毛毛虫也需要破茧而出才能

变成美丽的蝴蝶。我们要像安徒生童话故事中的丑小鸭一样，虽然它知道自己是一只丑陋的鸭子，可是它并不气馁，每天不停地告诉自己很漂亮很美丽，最后通过不懈努力，丑小鸭终于变成了白天鹅。

20几岁的女孩，不要再老是抱怨自己不够美丽了。追根到底，还是得从自己身上找原因。为什么你会出现臃肿的身材，为什么你的皮肤比其他姐妹要松弛，就是因为你缺乏保养，缺乏对自己的认可。所以，从现在开始，就来学习一些最为基础的保养吧：

一、瘦身篇：

☆运动减肥法

运动是减肥不可缺少的部分，如果单纯靠减少吃的量，减的速度是很慢的。如果平时有时间，就报个健身班吧，不要在乎那一点投资，毕竟换来的健康与美丽要远远大于你的这点付出。平常也可以做些简单的基础运动，例如：快走、瑜伽、登山、骑车，等等。

☆食疗减肥法

各位爱吃的姐妹，如果你想把肚子上面的“游泳圈”真正换掉，那么就要把每天摄入的能量总数控制在一个标准上，不要超出。要始终注意食物的热量，在膳食中应减少些肥肉，增加点鱼和家禽。想吃零食的时候，尽量选择低热量的。另外，可以多吃一些蔬果，这样既有助于补充高纤，也利于保养皮肤。

二、美容篇：

☆素颜换肤法

各位爱美的MM，千万不要频繁地使用化妆品，毕竟再怎么自然，里面还是参有化学成分。看看那些演员，平常只要没有节目通告，基本都是素颜，因为皮肤也需要呼吸，千万不要让那些有毒物质堵塞住毛孔，从而引起过敏等不良反应。

☆酸奶细肤法

喝酸奶有很好的美容功效，将喝过的酸奶涂到脸上，干了之后再涂一层，这样重复4~6次，待全干后洗掉，就会看到效果。

☆珍珠粉美容法（强烈推荐）

将蛋清与少量珍珠粉加少许蜂蜜（如果是干性皮肤要多加点蜂蜜），搅拌均匀，涂在脸上，15~20分钟后洗掉，然后涂上保湿产品，会看到很好的美肤效果。

当然，不管怎样，减肥和保养都是科学系统的工程，需要天长日久地坚持，因为任何美丽都是要精心呵护的。漂亮的女人应该使自己更夺目，不漂亮的女人更要通过化妆打扮来弥补自己的缺点。世上没有丑女人，只有懒女人。只要勤于装扮自己，不做懒女人，那么任何女人都会是一道美丽的风景。

2. 男人邋遢可以原谅，女孩邋遢却让人讨厌

生活中，如果一个男人看上去邋遢，别人见了也许会心生体谅。毕竟男人在外面奔波忙事业，很多时候都会风尘仆仆，可能没有时间来打理自己。但是，如若一个女孩整天也邋里邋遢，蓬头垢面的，那么就会遭遇周围人的白眼了。

女人的容貌是天生的，但仪表体态却是修炼的。20几岁的女孩应该明白，不管在任何时候，绝对不要让自己看起来一副邋遢样，否则只会让异性远离你而去，因为没有人想要和一个脏乱、不懂打理生活的人在一起。

芳荃今年24岁，从事金融工作，虽然年纪不大，可谈起幸福生活，她的双眼充满着期待。“昨天是情人节，可在几天前，公司的女同事就陆续收到丈夫或男朋友的玫瑰，真是把我羡慕坏了。”她握紧双拳对着好朋友说。可惜，在如此一个鲜花、礼物满天飞的浪漫日子里，她却没能得到自己所期待的。

芳荃平常是一个比较随性的人，因为性格和蔼，大大咧咧，所以与同事相处很好，唯一困扰她的就是至今她都没有一个男朋友。其实生活中不时有人给她介绍男朋友，但每次只要对方是约在家里见面，都会不欢而散。究其原因，是每次对方进门时，芳荃都还在收拾屋里大堆的衣服，整个屋子看起来相当凌乱，没有次序感。对方一看到如此邋遢的房间，再转眼看看一身睡衣、头发乱糟糟的她，就生出了厌烦情绪，心想如果以后成家了，那家里还不乱套了。这样一想，对方便不再与芳荃联系了。芳荃每次的约会都不超过三次，而且每次都以失败告终。

常言道，“女人是水做的”，所以女人本来就应该是干净、整洁的。20几

岁的年轻女孩，千万不要随意把自己置身于乱糟糟的私生活中。否则即便能遇到一个好的对象，如果无法自我管理和约束，也会毁掉天赐良缘。

女孩在人生路上行走，要学会让自己走得精致。你衣柜的衣服数量可以不多，不是名牌，但是一定要有好的质地。首饰可以不戴，戴的话要不就很有质感，要不就很有特点。妆可以不化，要是化的话，也一定要庄重和温雅，不要把自己弄得面目全非。女孩子一定要学会把自己打理周正，要让自己生活得更加简洁干净美好。

20几岁的女孩子，要时刻注意关注自己的形象。如果你对自己的美丽都不在乎了，又怎么能够指望一个男人对你爱得如痴如醉呢？年轻的女孩子千万不要成为男人眼中的邋遢女，没有哪个男人会对一个不修边幅的女人动心的，除非那个男人比这个女人还要邋遢很多。所以，20几岁的女孩子，珍惜自己的形象，表现出自己年轻漂亮的风貌吧，只有这样才能人见人爱，花见花开。

3. 可以没有漂亮容颜，但不能没有个性魅力

很多女孩对自己的相貌都有一种不满意，但相貌是天生的，无法轻易改变。只是，漂亮不是唯一的资本，只要有自己的独特个性，那么照样可以魅力无边。

聪明的女人都明白，虽然“漂亮”能够为女人赢取第一好评，但如若缺少了个性，就只是一个花瓶而已。只有保持自己独一无二的风格，才能做众人心中独一无二的存在。秀出自己的特色，才能活出自己的精彩。

世界名模辛迪·克劳馥，最初进入模特界的时候，只是一位身穿廉价产品、不拘小节、不施脂粉的大一女生。她从没看过时装杂志，不懂什么是时尚，更没化过妆，但是她天生丽质，浑身散发着清新的天然香味，唯一美中不足的是她的唇边长了一颗触目惊心的黑痣。

有一次，经纪人小心翼翼地把她那颗大黑痣隐藏在阴影里，然后拿着这张照片给客户看。客户感到非常满意，马上要见真人。可是当辛迪·克劳馥一来，客户就发现“上了当”，当即指着她脸上的痣说：“我可以接受你，但是你必须把这颗痣拿下来。”

激光除痣其实很简单，无痛且快速，当她和经纪人商量把这颗痣拿下来的时候，经纪人却坚决地对她说：“你千万不能摘下这颗痣，将来你出名了，全世界就靠着这颗痣来识别你。”

果然，她几年后红极一时，日入3万美金，成为天后级的人物。她的长相被誉为“超凡入圣”，她的嘴唇被称作芳唇。芳唇边赫然入目的是那颗今天被视为性感象征的桀骜不驯的大黑痣。如果她以前摘掉了那颗痣，就只能是一个通俗的美人，很可能就淹没在繁花似锦的美女阵营里，难有大的作为。

这个世界上就那么一个自己，独一无二。对于女孩来说，若失去了自己的个性，就如一朵人工的塑料花，再美，也没有真花的灵气。当然女孩的个性并不是用来取悦男人的，但“持者无意，看者有心”。无论男女，总会被与众不同的女孩所征服。

现实中有些女孩觉得自己不如别人貌美，觉得自己不如别人气质高雅，于是随着周围人的变化，不断改变自己。这样一来，结果如同东施效颦一样，弄得自己面目全非，看不出原有的个性。一个聪明的女孩不会因场合或对象的变化而放弃自己的内在气质，她会给自己保留一份可以展现独特自我的空间，给自己一个可以独奏的平台，始终保持本我，活出不一样的自己。

贝蒂·福特一直以坦白率直闻名。成为第一夫人后，她没有因为身份环境的不同而改变自己的个性，每当新闻记者问她对各种问题的观点时，她总是直率而坦白地回答。有一次，一个冒失的记者甚至问她和丈夫做爱的次数，而她仍然能从容不迫地回答。福特夫人便是以这种坦诚的个性赢得了美国人民的爱戴。

20几岁的女孩，应该拥有属于自己的“光彩”，拥有属于自己的个性，不要活在他人的世界中，或者在追逐他人的脚步中迷失了自己。只有坚持自己的原则，那么你才会成为一朵绝美奇葩。

4. 就算天生丽质，最好也不要素面朝天

在20多岁的男孩之间曾经有过这样的戏言：如果你选择一个女孩做自己的女朋友，一定要带她游泳后再做决定。因为游泳池里才能洗掉她的"伪装"，看清她的"本来面目"。一个素面朝天的女孩的确真实，但如果时刻都是"清汤寡面"，那么你的魅力值可就要大大降低了。

有句话说得很夸张："不妆饰的女人如同毛坯房一样，就是不如精装修的有身价，即使要的就是清水混凝土的效果，如果不涂层清漆加亮，也算半成品。"的确，哪怕你的本来面目再佳，但如果不化妆，仍然会让人感觉缺少一种魅力。

丽文出生在南方，因为南方的气候湿润，而且空气非常清爽，所以她皮肤很是白皙剔透，看起来就是一副美人胚子。但是自从被公司调到了北方总部工作后，情况就大大变化了。北方的风沙很大，气候没有南方那么湿润，基本上是以干燥为主。但是丽文却自信满满地认为自己天生丽质，所以上班几乎每天都是素面朝天，也不做补水防晒等基本的皮肤护理。有时候见朋友买来一大堆化妆品保养皮肤，丽文总是骄傲地表示，自己什么也不涂，照样皮肤好。

但随着年龄慢慢跨过25岁，丽文发现自己的T区出油厉害，最可怕的是鼻翼两侧毛孔扩张加速，而且鼻头还有很多的黑头出现，平常用洗面奶都无法根除。看着镜子中的自己，丽文一下开始着急了。

一位著名的形象设计师说："所谓的不施粉黛，只要是能让人怦然心动的地步，就不过是妆饰得不露痕迹而已，真正的素面朝天是吸引不了人的。"

任何人的第一妆容都会给旁人留下很深的印象。除了身材、发型、服饰外，最重要的还是那张神采飞扬的脸，这就是为什么大家眼中所谓的“万人迷”总是那些花枝招展的女人，而不是清汤寡面、看上去毫无生气的一张脸。

当然，并不是说天生丽质不好，但是如果能够锦上添花，又有何不可呢?再美的花束也需要一个花瓶来搭配衬托，再美味的食物也要讲究一个拼盘的效果。搭配和塑造本身就是一种美，如若再配上天生丽质，就更能把一个人的气质和美好形象衬托出来了。

女孩们都爱美，但是怎么个美法也要弄明白。或许我们会时常听见身边的人说，那些不化妆的女孩非常美，因为她们很自然。可是，从小到大，我们可以发现，身边那些被称为美女的，没有哪个是真正不外加修饰的。所以，当别人告诉你素面朝天最美丽时，千万别真的以为自己美得不需雕琢。

每个女孩都有成为“画家”的潜质，每个女孩都像是一张洁白的画布，要体现出这幅画的美感，取决于你脑海中对这幅画的“规划”。化妆是女人对待生活的一种积极态度，也是对他人的一种礼貌和尊重，因为没有人会喜欢一个整日灰头土脸的女人。尤其是过了 20 岁，到了 30 岁的年纪，更是需要化妆和保养的双重“修补”了，毕竟岁月如同刀子，会毫不留情地在你天生丽质的脸上刻下痕迹，这是每个女人都需要面对的事实。

20 几岁的女孩，应该针对自己的年龄来提高自己的化妆水平。现在很多杂志和网站上都会有相关的信息和内容，比较有名的适合大多数年轻女孩看的杂志有《VIVI》、《瑞丽》等，里面会告诉我们修补妆容的技巧。学会用一张精致的面容来对待生活吧，好运也会因此不断相伴而来。

5. 全身名牌不等于高贵，选择适合自己的衣服

看着商场里面那些琳琅满目 、华丽非凡的名牌衣服，你心中是不是立刻会涌现出几分期待？当你把这些奢侈的宝贝塞满自己的衣橱，于很久之后的某一天，再次打开衣柜看见这些衣服时，心底是否会有几丝懊悔，后悔当初的冲动？

其实，很多女性似乎都存在有这样一个观念误区，认为凡是有牌子的衣服好像都很上档次。事实上，如果这些衣服并不适合自己，那么不但不能把自己衬托得更加出色，反而会失去自己原本的风格。

兰梦身材高挑，为人从容大方，但是见过她的人都知道，其实她长得并不是特别漂亮。

平时兰梦很注重打扮自己，她明白自己的样子不算漂亮，便从气质方面来提高自己。她每一次的着装都十分得体大方，服饰的搭配能够显现出她的个性和气质，掩饰掉不足的地方，所以看上去，她的“气场”特别大。

平常朋友见她每天穿衣服都是不同风格，而且每一套的搭配都很好看，就纷纷向她打听是从哪里买来的，都以为她一身衣服少说也得好几千。兰梦听到后只是微微一笑道：“开玩笑的吧你们，我工资多少你们又不是不知道，这样买下去，我还不负债累累啊。其实，我只是在平常周六日抽时间去附近的小市场淘宝，我很少买上千元的衣服，基本上不会选择名牌，通常都是在换季打折的时候买衣服。其实这衣服啊，只要你搭配得好，就能够穿出美感来。”

每个人都应该学会根据自己的特点选择适合自己的衣服，而不是一味地

追求名牌效应，那样既浪费金钱，也未必适合自己。试着从自己的内在去注重气质的培养，选择简单得体、适合自己的衣服，衬托自己独特的美。

著名影星巩俐说："我喜欢穿得自然、大方，在随意中突出青春美、形体美和气质美。在颜色的选择上喜欢红、白、黑。对于服装的款式，我追求简洁、明快、合体。我的衣服从来没有多余的装饰，因为我认为自己不需要用衣服来掩饰什么。我也不会去追什么时髦，只会选让自己产生感觉的服装。"

雅芳系列护肤品和香水内衣的创始者周雅芳女士，为自己也为众多女性创造了许多惊喜。雅芳提倡女性的魅力应该是由内而外散发的，以气质取胜。日常生活中周雅芳也从来不把自己打扮得花枝招展，而是靠着自身典雅的气质、简约的打扮，几十年来赢得中国乃至国外众多女性的心。"雅芳"给我们带来的是一系列质朴却细腻的保养感受，虽然没有国际上那些大牌有名气，但它走的从来就是适合大众女性的品牌之路。

那么20几岁的女孩，如何才能选出最适合自己的衣服呢?

1. 上身较胖的人，应选择宽松、肥大的上衣和裙子。腰粗的人不宜穿旗袍，穿裙子最好是筒式连衣裙。如果两腿较粗或腿肚较大，不宜穿健美裤和短裙，宜穿深色的长裤或长裙，裤子不要太肥。如果整个身体较胖的人，适宜穿长条图案的服装，衣料不要穿得太薄，服装颜色不要太浅，更不要穿夹克衫或紧身针织衫的外装。

2. 若人较瘦，肩部又较窄，可用横条或用质地厚的衣料做上衣并加垫肩。臀部不太丰满，宜用肥大、多褶的裙子来掩饰，不宜穿紧身的裤子或裹体的裙子，同时上衣不宜太短小。若腿部比较瘦，则不要穿短裙、瘦裤，宜穿长一点的裙子或宽一些的裤子。

3. 上身较长或个子较高的人，最好不要穿上下衣颜色一致的衣服，更不要穿上下衣均为竖条的服装，宜穿碎点、圆点图案的服装。衣服的颜色不要太深，也不要过浅，应以中性色为宜，上下衣线条、图案和颜色应更丰富多彩。

4. 若为身材短小的人，一般应选鞋或裙的颜色一致，上衣和围巾及帽子颜色一致，上下衣的色调一致。服装的衣料要选择小花型或小图案的，最好是选竖条图案的服装。上衣不要穿得太长，裙子不宜穿得太短。

或许你没有精致的脸蛋，但是只要把自己的日常服装搭配合理，相信即便不用名牌的陪衬，你也能穿出与众不同、典雅高贵的风姿来。

6. 时尚是一种参与行为，仅说说是不管用的

经常关注时尚的人们应该都看过《穿普拉达的女魔头》这部片子，它为什么会受到关注？就是因为和时尚有关，而时尚总是让人疯狂的。现实生活中，很多女孩子都渴望和时尚碰头，因为每个女孩子都是爱美的。

当然，说归说，只有当你付诸实际行动之后，才能真正地收获时尚。时尚是一种参与行为，只有将自己的所想结合实际做出来，才能将自己的另一种华美展现出来，来个美丽大变身。

安娜·温图尔是世界著名的时装杂志主编，即便是那些习惯读《经济学人》、从不买《Vogue》的人也熟悉她的名字。在执掌美国版《Vogue》的20多年中，她把自己连同她的杂志都塑造成了文化偶像。那么，她是如何实现这一切的？

1988年6月29日，安娜·温图尔被任命为美国版《Vogue》主编。上任之后，她逐渐形成一套钢铁般的作风。2006年，以她为原型的电影《穿普拉达的女魔头》的公映让全世界都领教了她的厉害。而她本人也身穿Prada出席了该片在纽约的首映式，告诉人们女魔头也不乏时尚和幽默感。

在美国，没有第二本时尚杂志像《Vogue》一样酷。《Vogue》从不扮作读者的好姐妹。安娜·温图尔不搞读书俱乐部，不提供制作低脂曲奇饼的秘方，更不会邀请你来边聊天边吃冰淇淋。她总是以理直气壮、华丽、精英化的态度来报道时尚。安娜·温图尔认为头脑与美貌必须并重，她所宣扬的一切是许多女人梦寐以求却没有勇气承认的，她们生怕被批评为肤浅、轻佻、政治立场不明。安娜·温图尔曾经表明，时尚就是带给人们感官世界的一种美感，而这种美感必须深刻地表现出来，标新立异则是其中的一种代表。

时尚是一个持久不衰的话题。在时尚界，许多著名的设计大师也一度用女性的眼光来观摩和发掘自己的设计灵感。时尚来源于生活，当然也回归于生活。也许它是一件衣服，也许是一个手包，也许是一杯咖啡，等等。一个真正时尚的女人身边具备的时尚元素太多了，只要你细心观察就会发现，其实我们的每一个动作都可以成为一种时尚的象征。

有很多女孩子刻意去追求时尚，但是打扮到最后总是有点“牛头不对马嘴”，一副错层的感觉。其实，任何一个女孩都有自己的个性和风格，而且都具有自己的时尚观念。只要你能够将自己的这种思维运用到实际生活中去，那么或许你也能引领时尚风潮。

早在很多年前，对于“时尚”的认知，东西方就已经存在本质上的差异：中国人以别人如何看待自己的穿着打扮来决定自己的喜恶，而外国人则是主动选择自己的流行目标，常常会让自己的别具一格体现出来，从而带动起大家的跟随。

在中国，很多人都觉得时尚是一种大多数人的行为，大家热衷于背同一个 Logo 的包包，“和别人一样”是安全的，时髦的。所以很多人都喜欢跟随大团体，即便是自己有了某种意识，但是也不愿轻易地付出行动。特别是对于一些年轻的女孩子来说，一方面是过于羞涩，还有一方面是被传统的中国观念所圈住，所以不敢大胆地表现自己。

其实在国外，很多外国人最不介意的就是别人的看法，他们常常以追求“与众不同”为乐，所要做的，是“真正的我”，而不是“几个类似的他”。例如美国第一夫人米歇尔·奥巴马就是个典型，她用最短的时间，通过成功的穿着方式，有效建立了在公众心中的良好形象，用自己的实际行动证明了自己的独特风格。

20 几岁的女孩应该明白，时尚是一种风格，更是一种行为艺术。如果你本来就已经有了这种思维，那么就应该好好地展现出来，不要让自己的风格在这时被埋没。另外，要想真正变得时尚起来，可以让时尚气息感染你，多看看每季最新的时装发布，感受一下大师们的风格，看看每一季T台模特的搭配，多去女性时尚网站转转，或者看看最新的时尚杂志，每个服饰论坛上都有很会搭配的时尚达人，但是注意最好不要盲目跟风，自己要有主见。

所以，别再去在意别人怎么看待你的装扮，只要你自己认为好，那么就跟随这当季的流行风，把自己精心修饰一番，然后心情愉悦地去展现自己吧！

7. 合适的装扮饰物为漂亮加分

很多时候，饰物的佩戴得体，不仅可以让女孩的美丽更上一层楼，而且还可以掩饰住某种不足。有人曾经说过：装饰物是制造奇迹的精灵。通过一个饰物，甚至可以洞悉一个女性的内心世界，因为从她选取的装饰物来看，就可以判断出这位女性的性格如何。

如今的装饰物可谓数不胜数，不少时尚界的大师都十分喜欢用它们来为模特添光加采。日常生活中，很多女性也通过首饰、手袋、丝巾等的点缀，来让自己看上去更加美丽大方。更有不少时尚人士懂得利用其特点，来凸显自己最为靓丽的一面。

古代人常说的“沉鱼”和“落雁”，分别指的是西施和昭君两大美人。相传西施是美女的代名词，可是当时貌美的西施，仍然不能完完全全“天然去雕饰”，还需要饰物来完美容颜。因为西施生就一对又圆又小的耳朵，与她“沉鱼”的美丽面庞很不相称。为了弥补自己天生的不足，西施特意让人打制了一副又大又沉的金耳环。这副沉重的耳环不仅拉长了西施的耳朵，而且把她那瓜子型的脸衬托得更加楚楚动人。

王昭君虽有“落雁”之容，却长了一双大脚。当时汉代虽还没有缠足的习惯，可女孩的脚大了也不太好看。因为当时有佩玉的习惯，所以王昭君便特意请裁缝做了一件套裙，在裙下镶满美玉佩饰。这样，长裙拖地不仅掩盖了一双大脚，走起路来玉佩相碰发出叮叮咚咚的声音，更显出了她的婀娜多姿。

从古代人开始就知道佩戴首饰来遮掩自己的缺点，提点亮处，所以很多时候，饰品不仅仅是为了让我们看上去有多么尊贵，更重要的一点是，它还能巧藏拙荆，转移目标，让另外一种美感体现出来。

随着经济和文化生活水平的提高，饰物不仅仅是财富的象征，更是一个人文化素养、气质风度及审美格调的体现。很多时候，它的使用得当，往往能够为我们的整体形象加分加亮。当然，也有不少少数民族利用饰品，来传递当地的宗教信仰、价值观念和婚姻状况等信息，另外饰品还有体现自我性格的作用。

有心理学家曾经发现，不同性格的人对不同饰品会有一种特别的偏爱，在首饰款式的选择方面也能表现出来，女性身上的点缀饰品真的“能够说话”。例如，选择小巧首饰的女性，都是比较活泼好动的；温顺柔和的女性，则偏爱曲线美或流线型的首饰；而喜欢圆形款式的女性比较传统，家庭观念强，有一定的依赖性，但比较知足，性格恬静。

不管我们对饰品如何定义，同时还要明白一些佩戴饰品的基础法则，这样才能在公共场合表现得怡然大方。那么对于饰物的佩戴，我们应该注意哪些方面呢?

1. 饰物的佩戴要与人体本身协调，与人的体形、发型、脸型、肤色及服装和谐一致。

2. 饰品的佩戴要与所处环境相符，不同环境对饰物的质地、款式、形式有不同的要求。

3. 佩饰应男女差别而不同。西方国家普遍认为，装饰的成功与否对于女性来说，意味着装饰者情感、风度以及自信心的高下。女性佩饰的种类繁多，选择范围广，一般是悬置在人体最美之处的颈、胸饰。而男性能佩用的只是戒指、领饰、袖饰、项链等。

4. 佩饰因对象不同而不同。根据所赴场合和活动内容选择佩饰：上班、旅游、运动时，少佩戴珍贵的饰物；宴会、舞会、生日聚会时，戴上漂亮、醒目的饰品令你与众不同；吊唁的场合只能戴结婚戒指、珍珠项链及素色的饰品。

5. 佩饰要与整体协调。在佩戴饰物时还要考虑人、环境、心情、服饰风格等诸多因素间的关系，协调一致地搭配，恰到好处地点缀，才能起到佩饰的目的。如：金项链、玉镯、珍珠戒指一起上，或是西服套裙内配玉挂，手系象牙镯子，手戴金戒指等，都是十分拙劣的佩饰手法。

据一项配饰服装研究中心统计，法国女人平均每人拥有百余套华丽别致的仿真首饰；日本女人平均每人至少有二三十条丝巾并掌握几十种丝巾系法；美国女人则深爱胸针，她们会随着服装的变化而变换胸针。

女孩们，让自己的魅力竞相绽放吧，要知道，一件漂亮的衣服，配以恰当的装饰品，会使衣服锦上添花，更加富有魅力。而一件配饰的合理搭配，则会让你整个人都容光焕发，而且显现出别样美。

8. 增加性感砝码的几种颜色

现实生活中，很多女人喜欢黑色，因为在她们的眼中，黑色往往代表着沉稳和神秘，其实这就大错特错了。试想一下，面对一个一身黑衣的女人，男人只会觉得周身充满了低气压，无法喘息的同时，而且还会觉得你冷漠无趣。

放眼商场里那些让人迷眼的丰盈色彩，究竟20几岁的女孩应该穿什么颜色才最适合自己呢？事实上，适合每个人的色彩都有百种以上，只要选对了色彩，女性的美便会由内而发，很自然地被呈现出来。

女性如果要让自己看上去更加吸引异性，那么就应该多站在异性的角度来思考问题，其实每个人的性感度都不同，但是只要根据合适的服饰的色彩来点亮自己，那么很快就会得到异性的注目。下面就为大家介绍三种可以增加女性性感度的颜色：

1. 红色

美国罗切斯特大学心理学教授安德鲁·埃利俄特牵头进行的色彩研究，似乎印证了情人节卡片制作商和唇膏销售商多年来的观点——红色是性感的象征。埃利俄特表示，在男性看来，如果在一些相片中某女性身穿红色衣服，或相片以红色镶边，那么她将更加性感迷人。红色并不影响男性对照片中女性的可爱度、智力水平或友善度的判断，而只有吸引力受到影响。

所以，任何一位女性，如果想让男士们神魂颠倒，穿红色服装或许是一个不错的选择。当然，红色也是青春洋溢的20几岁女孩的最佳选择，既可以将你的风采展示出来，而且也能够将你的性感度提升一个层次。

2. 白色

如果说红色是一种泼辣，那么白色就是一种内敛。白色在时尚舞台上永不缺席，T 台上每一季设计师们总是喜欢不断地挑战“白”这个看似简单却难以发挥的色系。因为白色永远是最能带给女人色彩的颜色，是伸展台上永远的时尚显学，不管是春夏或是秋冬，永远都可以看到许多国际精品品牌以白色作为设计主轴。有一位设计师曾经说过这样一句话：“白色，永远都是一种无声的性感。”

我们可以看到，古往今来，但凡一个身着莲花般雪白衣裙的女孩子总会是无数男人的梦想，尤其到了近现代，大诗人小文豪笔下最动人的女子永远是一件简单朴素的白色连衣裙，没有款式没有花样，只是白裙便已足够。无论何时，纵观整个时尚趋势，白色永远都是最具代表性的色彩，有的如千金小姐般高贵优雅，有的如青春女孩般清新秀丽，或是独具风味的精致繁复民俗风……但凡身着白色服饰的女性，通常都犹如一位清雅的佳人，淡淡地散发出自内的幽香。

3. 鹅黄柳绿

有人曾经说：“轻舞蝶翼，一任鹅黄柳绿。唯有穿越千年的光华，才能参透一袭锦衣之上的花落云转。”鹅黄柳绿首先给人的感觉就是温暖而清新。而只有鹅黄配柳绿才有令男人心动的视觉效果。台湾“豪侠作家”金庸先生笔下最漂亮的女孩子不是鹅黄衫儿便是柳绿裙儿。鹅黄柳绿几乎成了中国男人心中古典美女的代名词。

试想一下在江南水乡的一处小镇深处，少女伫立桥头，水中鹅黄柳绿的倒影，显现出美轮美奂，给江南的青瓦灰砖添了不少颜色。因为通常黄、绿给人一种春天的感觉，整体感觉非常温暖，如果选择此种颜色，淑女味道于不经意间便会流露出来。

红如烈火，白如莲花，鹅黄柳绿，性感人家。男人眼中的性感色，永远都会是白净甘醇，红似朝霞，春日盎然中那一抹鹅黄柳绿的身影。所以，20几岁的女孩们，趁着如今大好的青春，好好地秀一把吧，把自己的美感表现出来，这样才更能吸引住异性的眼球。

第十章

永远相信爱情，但不是童话里的爱情

1.“我娶你”比“我爱你”更珍贵百倍

20几岁的女孩子，常常喜欢感叹爱情的美妙。在那些形形色色的甜言蜜语中，往往让自己迷醉不已。沉浸在爱情世界里的女孩子，总是希望他每天都会对自己说“我爱你”，但是时间一久，那些难辨真假的“我爱你”还会一如当初吗？20几岁的女孩子应当始终保持一颗清醒的头脑，与其沉溺于千万遍的“我爱你”中无法自拔，不如去珍惜那个真心诚意对你说“我娶你”的男人。

真正成熟的爱是一份责任，而大多数男人更多的是习惯用“我爱你”三个字来获取女孩的信任。所以，20几岁的女孩们千万不要被爱冲昏了头，在选择男孩子的时候，一定要看清他会不会对你说“我娶你”三个字，而不是被他的N个“我爱你”所迷惑。

2011年2月，不管是各大网站还是娱乐周报，炒得最为火热的一则新闻就是香港商业“小超人”李泽楷与梁洛施分手的消息。

英皇红人梁洛施16岁出道，本来前途无量的她却在一次拍戏后邂逅了香港“小超人”李泽楷，两人的恋情曝光后，梁洛施断然放弃了自己大有前途的演艺事业。而李泽楷也为了解除梁洛施和英皇签订的艺人包身契，一掷亿万银子赔付给英皇，作为恋人的解约金，随后两人便开始了甜蜜的爱情长跑，梁洛施为李泽楷生了三个儿子。

尽管22岁的梁洛施年纪轻轻就为对方生下了三个孩子，尽管他们之间的爱情已经成为演艺界的一段佳话，他们的故事也一直被大家津津乐道，可是梁洛施在漫长的爱情长跑中，等了又等，最终在还未获得一个正式的名分前，就与李泽楷宣告了分手。这让媒体大为吃惊，也让大多数当初看好这对情侣的人生疑，原来爱情再甜蜜，却还是抵不过现实的残酷，抵不过责任的替代。

不管真心与否，有些男人说起甜言蜜语永远都不嫌多，因为这是他们赢得女孩喜爱的要素之一。但是对于女孩们来说，就要清醒点了。当你学会用头脑把“我爱你”这三个字过滤一下时，就会发现，对方对你真正的爱究竟有多重。

其实，真实的我爱你，应该是用行动表现出来的，让我们能够真正体会到爱的温暖和重量。若仅仅只是口头上的“例行公事”，那么这样的花言巧语不过是对方用来骗取感情的“武器”。

父辈的爱情是沉稳的，因为他们的爱情经过了岁月的磨合，经历了生活的洗刷，所留下的都是最为珍贵的沉淀。这种爱或许没有过多华丽的修饰，没有多少让人心动不已的刻意表达，但这样的爱是成熟的，朴实的，在看似坚硬的表壳下，藏着让人想不到的炙热。

戈雅长得很漂亮，平常在大家的眼中，她就像一个洋娃娃一样。而她的男朋友也非常帅气，在一家国企做部门主任。两人在大家眼中可谓一对真正的金童玉女。当然，两人爱得也是如胶似漆，形影不离。

尽管每天男友回家后都会甜蜜地在她耳边说一句“我爱你”，可是最近不知道怎么回事，她越发感觉到生活的沉闷，而且似乎对此也有些木然了。戈雅明白自己很爱男友，而男友也非常爱她，可她的空虚感还是越来越浓。原来，她的一个好朋友最近结婚了，当她受邀去朋友家玩时，看到朋友幸福的模样和温暖的爱巢，她心底突然就觉得有些空荡，而这是她从未有过的一种感觉。

以前和男友在一起时，她从来也未曾考虑过未来的事情。因为她每天都沉浸在男友的甜言蜜语中，并不曾考虑过今后的事情，所以也没有多想过。可是看着朋友们接二连三地结婚后，再想想自己也将要步入大龄，于是心里的不安全感越来越重了。晚上戈雅跟男朋友提到朋友结婚的事情，可是男朋友并没有什么特别反应。她渐渐感到自己仿佛置身在一片汪洋大海中，就似一叶找不到目的地的小舟。

年轻的女孩对于爱情总是会带有几许期盼的。所以当男孩子多说几句甜蜜的语言，多做几件稍微让你感动的事情，便经受不住诱惑，转眼便和他双宿双栖了。可是等到你开始期盼婚姻的时候，如果他说："对不起，我们之间已经没有激情了。我希望你能遇到一个很爱很爱你的男人。"这时，你才明白他是不爱你的，你失去的青春、浪费的时间，能用眼泪和心痛换回来吗？

真正的爱要承担责任，给你安全感，最好的表达方式就是"我娶你"。20几岁的女孩不要再给他找借口了，什么时机不成熟，什么房子还没定下来，等等。他全心全意地爱过你吗？不要再去轻信那些"我爱你"的甜蜜炸弹了，如果要想真正获得幸福，就把目标转移到会对你说"我娶你"的男孩子身上吧。

2. 清楚自己要什么，包括你爱的男人

在情感关系中，往往女人比男人更缺乏安全感，原因是她不知道男人在想什么。在婚姻生活中，女人比男人更被动，原因是她不了解男人的行事方式。而这种不确定因素的存在，是因为大多数女孩子根本就不清楚自己所需要的爱情和爱的男人究竟是什么样的。

爱情是美好的，处于爱情中的每个女孩也都是幸福的。但是在恋爱之前，应该先问问自己："我究竟喜欢什么样的男人？""我究竟想要什么样的爱人相伴终生？"等到自己真正清楚了所想、所要的东西后，那么你才能真正找到自己的幸福人生。

乐容是一个乐观向上的女孩，随之相伴的是一身的骄傲，因为她不仅能力突出，而且外形漂亮，在学生时代是众多人心中的理想女友。在大家的心目中，她是个个性十足且受人喜爱的女孩。

在一次老乡聚会中，乐蓉瞬间被一个男孩吸引了。也许是异地见到老乡觉得格外亲切，也许真的是一见钟情了，她自己也不知道到底喜欢他哪一点，但就是深深地陷进去了。慢慢地，乐容开始迷失自我，因为男孩比较喜欢长发女孩，所以原本率性十足的她，开始留起了长发。男孩喜欢乖巧听话的女孩，于是她又慢慢收敛了自己骄傲的性格，努力让自己做到温柔乖巧。只不过当男孩每次抚摸她的长发时，她心中还是有一丝迷茫，她不明白究竟自己到底喜欢男孩什么，反而好像渐渐丧失了自己。

最终，乐蓉还是和男孩分了手。在分手的时候，乐蓉对男孩说出了自己的喜好，自己的生活习性，自己所热爱的事业。男孩听后，果然无法接受。而自从分手后，乐蓉仿佛轻松了很多，人也逐渐变回了以前那个乐观向上的

她。有时候，她回想起自己的这段恋情时，不禁摇头纳闷：我当初是怎么了，怎么突然就喜欢上了他呢？

对自己的爱情有一个清醒的分析和解剖，并不是一件容易的事情。有人说爱情就像是一种迷药，能让双方都陷入一种旁人无法理解的境地。也许正是因为如此，在生活中才会出现那么多次美丽的错误，才会让人错过一次又一次真正的爱恋。

作为一个女孩子，一定要清楚知道自己想要交什么样的朋友、想要什么样的男人、想要过什么样的生活。女人要学会掌握自己，经营自己，善待自己，要学会拥有智慧，拥有自信。这样即使青春不再，女人照样美丽依旧，照样有人追，有人疼，有人爱。

很多女孩子不懂得究竟什么是恋爱，只是在羡慕别人成双成对的时候，让自己陷入了一种误解，于是不明所以地为了恋爱而恋爱，根本就不清楚对方对自己的感觉，自己究竟喜欢对方的什么，稀里糊涂的一场恋爱后，既浪费了时间，也没有体会到恋爱中真正的幸福和美好。

著名时尚主持人李静曾经说过这样一句经典的话："时尚的女人打扮自己；成熟的女人了解自己；聪明的女人善待自己。起起伏伏，飘飘落落，外表依旧，但心却已蜕变成自由的海鸥。"一个真正懂得善待自己的女人，应该心中时刻都会悬挂一盏明灯，时刻为自己的前方道路引航。这样的女人清楚地知道如何去争取自己想要的东西。

为什么现实中，那么多的初恋没有结果？原因就在于，那个时候，其实我们都不知道自己想要什么，只是凭着自己对爱情的朦胧理解，从而坚守着一个错误的开始。这样的爱情是绝对经不起考验的，你和他之间或许会有很多美好的回忆，但当现实中出现哪怕一点阻挠，便很容易导致爱情梦想破碎。

20几岁的女孩，不要再盲目对待自己的爱情了。青春经不起几次折腾，想清楚自己想要的究竟是什么，好好地抓住身边的那个他，学会努力珍惜吧。坚持自己的主张，不要被外界的偏见迷惑，谨慎选择，那么就肯定能够拥有幸福。

3. 如果决定爱上一个人，请把时间拉长一点

有人曾经说：爱由一个微笑开始，用一个吻来成长，用一滴泪去结束，用一生去想念。决定爱一个人之前，我们要花费大量的精力去赢得对方的认可。而真正爱上一个人，则需要我们用更多的时间来确定这份爱的价值。

20 几岁的女孩，当你确定已经爱上了一个人时，请把这份爱拉长一点。因为时间越长，思念越长，而爱情在各自生活中占据的分量就会越来越重。只有当你真正确定那个人对你的爱时，才能决定托付终身。毕竟如今许多家庭之所以不幸福，就是因为当初爱得太草率。

灵丹和宋竹的相识是在一个极具文化色彩的地方——图书馆。平常的灵丹是一个不爱言语的女孩，工作后，她时常利用休闲时间去图书馆，也就是在这里，她的爱情尾随而至。

宋竹其实已经在图书馆观察灵丹很久了，可谓是一见钟情。宋竹明白，自己已经喜欢上了灵丹的单纯和善良。在一次次的观察中，终于有一次，宋竹忍不住地告白了。虽然灵丹没有过多的表示，但还是心动了，不过她想，还是应该先考验一下他对自己的喜欢。

在以后的时间中，宋竹总是会不动声色地在各个方面表现出对灵丹的关心。天气冷了，灵丹固定的图书馆座位上，会放上一个毛毯。天气热了，灵丹的座位上会偷偷出现一瓶冰冻饮料。就这样，这种无微不至的关怀慢慢走进了灵丹的心中。平常上班的时候，灵丹也会忍不住地傻想：他究竟是个什么样的人呢？

两人这种不确定的关系一直维持了将近一年，灵丹终于和宋竹正式谈起了恋爱。恋爱中的灵丹发现，原来宋竹是一个如此体贴的人。虽然宋竹从来

不在她耳边说很多恋人之间的情话，可是在生活中，灵丹却一直都受到他无微不至的照顾。两年时间过得很快，最后，灵丹终于答应了宋竹的求婚。

时间有时就像是爱情的一份考卷，它可以测量爱的誓言最后能不能实现，因为在这段时间的缝隙里，彼此之间的爱其实都还在学习。正所谓路遥知马力，日久见人心。当你不了解一个人的时候，先不要草率地做任何决定，时间长了，自然会有答案。很多时候，最懂恋爱的或许只有时间而已。

生活中，有些女孩总是喜欢把自己当作小说中的主角，认为生活只需要谈情说爱。她们对待爱情从来就没有怀疑，只要感觉来了，就会义无反顾地投入。感情是应该全心付出的，但是如果太过草率，最终只会伤害到彼此。

20 几岁的女孩如果爱上了一个人，总是会希望时间永远停留在这一刻。可是现实中，时间永远都不会在这一刻停止，时间会改变一切，包括爱情。很多时候，我们的感觉是有欺骗性的，爱情往往会让我们看不到对方身上的缺点。草率地相爱，甚至结婚，最终发现根本就不是十分了解对方的一切，最后生活在一起的时候，矛盾自然也就频繁地出现了。

时间能考验爱情，也能体会爱情，感受爱情，增加爱情的分量。每一个恋爱中的女孩，都应该学会给自己留一份理智。女孩的青春很短暂，任何大风大浪的爱情都赔付不起。即使你已经为对方而着迷，基本的判断力也还是要有的，不要他说什么你就信什么。不要再活在男人的甜言蜜语中，你无须依靠他的赞美活下去。

或许，当初你们爱得甜蜜，爱得疯狂，甚至不顾周围人的反对而“闪婚”，可是到后来，在一起的日子久了，爱情便一点一点地消逝，正如时间在悄悄流逝，彼此都忘了爱情曾经存在，忘了这么多年来，曾经义无反顾地互相爱着一个人，忘了彼此曾经多么快乐。而后，你们又会反复地问自己：为什么会这样？当初的选择究竟错在了哪里？

20 几岁，不能老是在爱情的路上摔跤了。女孩青春易逝，再多的时间也弥补不了“急速爱情”的创伤。不妨给你的爱情跑车降降速吧，让它暂缓行驶在时间的跑道上，你才能有理智看清路边那些错过的风景，这样你才能真正在爱情的跑道上享受到赏心悦目的一刻。

4. 如果决定离开一个人，就不要拖泥带水

很多时候，爱情犹如紧握在手里的皮筋，拉得越紧就越容易断，受伤的永远是不肯放手的。当爱情已经悄然褪色，当你已经决定离开，那么就不要再让彼此纠缠在一起了。干脆利落地当断则断，不管是对自己还是对他人，都会是一种解脱。

爱情是一项脆弱的慢跑运动，经不起积年的长跑，那样谁都会心累。而且越到最后越矛盾，放弃了又不甘心这么多年的付出，不放弃又怕以后不幸福。作为一个明智的女人，在该离开时就应该快刀斩乱麻，因为过多的感性只会让自己心力交瘁，自嗟自叹。

结婚前两年，峰常给自己的妻子甜甜买小礼物，有一次，甜甜说她有点痛经，峰下班后特意到超市选了一种精致小瓶装蜂蜜送给甜甜，还跟甜甜开玩笑说“吃蜂蜜，治痛经”。出差时，他更会惦记着给甜甜买礼品，常常在当地特色小店为甜甜精心挑选小首饰、小挂件等，每次都让甜甜情感涟涟，温暖融融。

有一次，甜甜嗔怒说他乱花钱，峰则笑呵呵说给老婆花钱应该的。可是最近一年来，峰再没给甜甜买过任何礼物，哪怕是一串冰糖葫芦。甜甜也曾多次撒娇问他怎么回事，他回答说都老夫老妻了，没心情，不整那事儿。其实并不是峰真的没有心情，而是不知道从什么时候开始，他在外面已经有了情人，峰原先所带给甜甜的温柔如今全都给了外面的情人。

后来偶然一次机会，甜甜知晓了峰在外面包养情人的事情。即便如此，甜甜还是放不下他，一直以来，她都对他充满了依赖，她的生命里就只剩下他了。每次一想到要和他离婚，眼泪就忍不住要流，她舍不得的不仅是他，

还有这段婚姻。直到峰对甜甜的感情越来越淡漠，态度越来越决绝她才醒悟，自己再不舍，也是该离开的时候了。

如果是一份健全的爱情，那么两人就会轮流扮演追求和被追求的角色。但如果有一方总是扮演追求者，这样的感情长久下去，只会感到疲倦和痛苦。两个人之间的爱情如若已经没有了爱情的支撑，其中一人的心也越走越远，那么怎么能够并肩走完剩下的人生跑道呢？所以，爱情一旦有了裂痕，还是快刀斩乱麻的好。

有很多女孩子，在面对无望的爱情时，总是偏偏要硬撑，不到最后总舍不得放手，总期望着也许会有转机，而且还继续做着一些傻傻的事情。但是当爱情真的破裂，对双方已经形成了伤害后，才会瞬间明白什么是真正的爱情，也才懂得和什么样的人在一起才会有幸福。

爱情，或许有时候就像张小娴说的那样——百转千回。20几岁的女孩在面对爱情时，一定要明白，如果你决定原谅，那么就大大方方地原谅，毕竟你们曾经相爱过。把过去的种种不快都忘掉，重新开始，也是再给自己一次机会。但是如果你对他不再有信任，就果断离开，因为最基本的信任都没有了，也就不必再为这份爱情做出更多的牺牲。

林青霞50岁生日时，许多媒体都为她做了关于50岁生日的专题。如今的林青霞，什么都有了，并依然美丽着。大家都知道，她嫁的人不是那个纠葛痴缠了18年的言情小生秦汉，但是她很幸福。她很清楚地明白自己的幸福究竟在哪里，决定离开时，她走的也是一派盎然，并最终找到了最美的人生。

当然，离开的方式也有很多种，行动快不代表无情地转身就走，那是很伤人的。如果真的突然离开他了，彼此都会受不了，尤其是已经习惯了生活中有他的女孩子。所以要慢慢地减少彼此见面的次数，让他心里也有点准备。或者坐下来好好谈谈，把所有想说的话都和他说出来，告诉他你的理由，慢慢彼此心里都会释然了。

其实，人总是要有一种方式来传递或表达自己对他人的感情的。就像水一点一滴往前流淌，碰到障碍就会绕道转开，过不去了，就会改变原来的行进方向，向前延续，不管情愿不情愿。

20 几岁的女孩，学会在爱情中勇敢成长吧。虽然回忆很绵长，还带着一半甜蜜一半忧伤，但是如果不想让自己不断地重复伤痛，那么就应该在这跌跌撞撞中吸取教训。毕竟：有一种爱叫作放手，为爱放弃天长地久。

5. 永远别做情场上的二等公民

初恋时，我们或许不懂爱情。再次恋爱时，我们仿佛依旧看不透爱情。似乎一直以来，“爱”都是女人心中的一个盲点区。这个盲点区，往往就是女人EQ中的“情场死穴”，只能在无人之时，方才写下无比伤感的心情札记。

20几岁的女孩要明白，爱情不是一个人生命中的唯一，任何一个女孩都应该是骄傲的公主。千万不要为了爱情而委屈自己，甚至低三下四活得卑微。因为如果你连自己都不尊重，甘愿做情场上的二等公民，那么你的爱情也铁定不会长久。

小婷是一个从贵州来北京打工的女孩，今年25岁，在一家民营公司做前台。后来，通过网聊，她遇到了一个和她一样也是在北京闯荡的男孩，彼此聊得很开心，见面后感觉挺好就交往了。男孩是河北人，父母都是工薪阶层。小婷和他聊到结婚的事情时，男孩总说他现在正在创业阶段，不想过早考虑婚姻，而且想过几年有点钱了买房子后再谈结婚。男孩的父母一直都希望他能找个北京的女孩，起码能帮他一把。小婷明白，自己是农村的，就算结婚，家里也不会帮得上忙。

其实，小婷一直都只想有个归属，可是男孩说如果不买房子他会觉得婚姻没有保障，坚决不同意现在就考虑结婚的事。后来男孩也开始冷落她，对她不冷不热。而小婷也在不断地想，自己的条件确实不是很好，长相一般，比较矮小。小婷还是很爱男孩，但她也明白她要是和男孩在一起肯定会让他更有压力。这段时间，小婷总是在想是不是要退出和放弃呢，那卑微的爱情又该何去何从呢？

置身情场，不管你是多剽悍的女强人，也常常会有一份彷徨与无助，生活的能力与爱的能力，对女人而言，画不上等号。事业的成功可以满足女人的虚荣心，但天黑闭灯之后，满足感会渐渐落幕，此时的你不得不承认：一个女人，只有爱得成功，才是真的成功。

很多陷入爱情中的女孩，常常为了爱情而放下自尊。有时为了维持那一份卑微的爱情，不断地付出，在对方的眼中从飞扬跋扈变成委曲求全，甚至不惜伤害自己。只是她们根本就不明白：一个喜欢把全部赌注押给一边的人，到最后十有八九会输得惨不忍睹！不管她卑屈到何种地步，爱情该走的时候还是会不留下一丝痕迹。

张爱玲是聪明的，可是爱上了风流才子胡兰成，瞬间便让自己“低进尘埃”。在他们相爱前，胡兰成已经做过另外三位女子的丈夫，在外人眼里，他不是一个可靠的男人，但一向精明洞透的张爱玲还是陷进去了。两人订下婚约，张爱玲怀着复杂的心情，送给他一句话：“但使岁月静好，现世安稳。”怎样才算“安稳”和“静好”？张爱玲没有明说，然而，静好安稳的世界里，是绝对不可能有外人的。说到底，张爱玲希望的，是成为胡兰成的最后一个女人。但，张爱玲的才华横溢，并没有留住胡兰成的心，他很快就和青春朝气的护士小周举行了结婚仪式；而护士小周的青春朝气，也没能阻止胡兰成向成熟妩媚的范秀美靠拢……

女孩们，有一件事情你们必须清楚地了解，在情场上，你们永远是平等的，谁也不是谁的救世主，谁也不比谁低一等，所以，永远都不要做爱情中的二等公民。

在爱情的世界里，一个人去承担两个人的爱情是很痛苦的，只有两个人一起真心经营爱情，那才是真正的幸福。人都是有感情的，即便你为了爱情而甘心低头，可是又怎能不去顾及家人和朋友的眼光，不顾及家人和朋友的心情呢？也许你会在他离开时伤心难过，但总比失去自己的灵魂要好。

不开心的时候，试着白天看看蓝天，晚上看看夜色，广阔的天空自有属于我们的爱。宁可高傲地发霉，也不要委屈地恋爱。聪明的女孩会随时在爱情中调整自己的姿态，当对方需要自己的时候，可以稍微把姿态放得低一点，用温柔去体贴和包容他。当他骄傲地无视你的存在时，也要学会时刻保持一份自信，绝对不要一味地忍让，不要仿佛离开了他你就不能活，更不要为了爱而践踏自己的尊严。你要鼓足勇气告诉他，其实你也是一个骄傲的公主，虽然没有帅气的王子，但是也有守护自己的骑士。

感情是需要两个人长时间去磨合的，在这个过程中，你也许会觉得越来越离不开他了。但是千万记住不要做他的寄生虫,即使他是个很优秀的男人，也不要失去自我。为了爱情牺牲一切，不顾尊严，这样的爱情能走多远，这个问题你考虑过吗?

其实，爱情可以很复杂也可以很简单，我们不要总是活在忧伤和痛苦之中，要学会爱自己多一点。不要为一些不值得的事而觉得生活是多么的痛苦无助，放开自己，高傲地活着，只要自己是幸福开心的，那么即便你丢掉了王子，也会迎来下一个骑士。

6. 让一个男人伤害你两次，只能怪自己愚蠢

如果说一个女人被一个男人伤害过一次，或许是可以理解的。但是如果你因为同一个人而受到两次伤害，那么就该醒悟过来了。一个爱你的男人会把你当成宝贝一样去呵护，而不会忍心伤害你，更不会连续伤害你。如果你还坚信这样一个人，那么就只能怪你自己愚蠢。

一个聪明自信的女人知道，即使爱情再美好，也绝对不能一次次妥协。她不会让自己在一个地方摔了一跤后，再接着摔几跤。为了一个不值得你爱的人哭诉、伤心，只会让对方更加看不起你，而且对你鄙夷不屑。

刘艳有一个很爱玩的男朋友，朋友们都劝她应该找一个踏实的人才比较可靠，毕竟这种很爱玩的人飘忽不定，但是刘艳总是自我安慰道："他是真心喜欢我的，他还说一定要娶我呢！"可事实上，她的男朋友在朋友面前从来都没有提起过她。

有一次，她和男友逛街，男友的手机突然响了，男友低头看了一眼，马上关机了。刘艳问道："谁给你打的电话，怎么不接啊？"男友说："最近骚扰电话特别多，不认识的人打来的，所以关机了。"话还没说完，对面就走过来一个打招呼的女孩子，刘艳定睛一看，正是上次从男友家出来的那个。刘艳这下彻底火了："你到底什么意思，谁才是你女朋友？"回到家，她以为男友会再次像以前一样打电话来哄她，可是等了一周，却没有一个电话。刘艳开始怀疑是否真的是自己弄错了，想来想去，她立马给男朋友打电话过去道歉，而男朋友似乎理直气壮，非常傲气。

后来，刘艳和男朋友又黏在了一起。可是刘艳每次去男朋友家，总会发现一些女性用的东西，比如上次就在男友家里发现一支口红，而刘艳自己从

来都不用口红的。当她问到男友时，男友却只是支支吾吾的。终于有一天，男友和别人在家中约会，被刘艳抓了个正着，而这个时候，男友似乎还一副无所谓的态度，刘艳这下彻底寒了心。

爱情可以浪漫，但是不能盲目和愚蠢，永远不要做爱情的“奴隶”。女人要学会走出爱情的迷宫，不要受了伤害还那样爱着，委屈了自己。很多时候，只有当受过无数次伤害后才懂得有些男人是不会悔改的。为什么一定要把自己弄得伤痕累累呢？爱情最忌讳的就是“剪不断，理还乱”的情绪。

其实生活中谁离开谁都可以继续活得精彩，所以别拿爱当借口去伤害自己，很多时候人不能执迷不悟，要懂得给自己机会。面临选择时，一定要想到未来是什么样的，是否两人都想努力去寻找幸福，如果有一方不这么想，那么不如趁早放弃，这样才不会因为一时的冲动或苦苦的等待而错过生命中真正重要的人。

女孩的时间是宝贵的，知己难寻，爱人更难寻，世上没有最完美的结合，但有共同努力的结合，所以千万不要给自己的爱情上锁，也不要为了爱情而伤害自己，那样是最不理智的做法，要相信一个人的潇洒好过两个人的痛苦。

很多女孩子爱吃回头草，多半是因为自卑，因为不相信自己还可以找到更加优秀的男人。这样的女人都喜欢依靠男人，认为有了男人就有了一切，自然，没有了男人也就没有了一切，正因为这样，所以她们在爱情中一直都处于劣势。其实幸福是两个人努力的结果，要给自己机会，要懂得把握机会，但不要做一个傻女人，受了伤还继续执迷不悟。很多时候，人生的意义并不全在于爱情，还有很多事情值得去尝试和付出。

爱情不应是命运的枷锁，也不该是困住思想的牢笼。放开自己的心，让自己清楚地看到自己在爱情中所占的位置。除了爱情之外，还要找到能够让你独立站在这片大地上的东西。任何一个女孩，都要学会勇敢和坚强，对待伤害，要学会自我保护，要让他明白，你不是被他任意摆放的棋子。

俗话说得好：好马不吃回头草。20 几岁的女孩，不妨学做一个自由奔放的女孩吧，面对伤害，一次足矣，甩开他的手，大步地勇敢向前，这样才能迎接下一个繁花盛开的春天。

7. 女孩们必须远离的几种男人

俗话说得好：男怕入错行，女怕嫁错郎。一个女孩能够寻找到一个好的爱人，事关自己一辈子的幸福，可以说是半点也马虎不得的。尤其是对于一些 20 几岁的女孩来说，一定要分清哪些男人不能接触，否则你将付出沉重的代价。

最佳男人，自然是那种经济条件好并且又有责任心的男人，但是这样的男人少之又少，碰到的概率通常不大。如果你没有运气碰到，也不要灰心。事实证明，绝大多数“优质股”都是由“潜力股”升值而来的，这是一个蜕变过程，这个过程需要女人拥有发现的眼光。

嘉懿是个才貌双全的好姑娘，追求她的人自然不少，但她对倾慕者的大胆表白、委婉暗示以及苦苦追随总是视而不见，一直芳心未动。最后让大家十分讶异的是，她故事中的白马王子，竟是一位名不见经传的年轻教师。

这位平淡无奇的男人，不仅其貌不扬，而且矮小瘦弱，没有太多魅力可言。他们之间的巨大差异，让她的那些热烈追求者更是感觉愤愤不平。有人还特意跑去听这位教师的课程，就是为了嘲笑打击一下嘉懿。可是他们发现，讲台上的男老师与嘉懿身边的那个男子判若两人，课程讲得很精彩，十分吸引人。

在大家的嘀嘀咕咕、窃窃私语里，嘉懿不以为意，坦然自若。嘉懿知道时间会证明她的正确。果然，5 年后，年轻的讲师成了大学博导，并且还建立了以自己名字命名的一个学习中心。此时，已经没有人在意他的外貌是否英俊、身材是否高大、笑容是否灿烂了，大家看到的是一个辉煌成功的年轻人。

爱情有时候会呈现两个极端：一个是已经自杀的饭岛爱，悲惨的爱情史足以拍成电影，很多女人都感慨，是饭岛爱身边的男人们毁了她；另一个是香奈儿，这个女人同样是为爱情而生，但她从来不曾为哪一个男人而放弃自我。同是情路坎坷的女人，香奈儿成就了自己的事业。都是面对爱情，面对男人，两个女人却全然不同。所以，爱情本身没有不同，是你自己的态度决定了爱情结果的不同。

或许有的女孩刚进入社会，识人不深，搞不清到底怎样才能找对心中的男一号。毕竟现实社会中，每个人都会戴上防范他人的面具，有些时候不愿意展现自己的真实性格。那么女孩们究竟应该远离哪种男人类型，才能更快找到自己的 Mr.Right 呢?

1. 自私型

这类男人从不为别人考虑，只知道利用虚伪来小心翼翼地伪装保护自己。总是喜欢让你去为他做事情，在你忙得不可开交的时候，却从不肯伸手帮忙，一副大男子主义模样不说，脾气还十分倔强。不管任何时候，都将自己的利益放在首位。试问，每天面对这样的男人，你的爱情怎么能够长跑?也许还没起步，便被他的自私给绊倒了。

2. 吝啬型

指的是“抠门”的男人，这些男人当用而舍不得用，过分爱惜自己的钱财。吝啬男人一般情况下为人处世显得小气，不大方，有点畏畏缩缩，不是很招人喜欢。或许当你兴高采烈地开始计划你们的约会时，他便开始抱怨商场的东西涨价，抱怨外面的餐饮不干净，实则这些都是他不愿意付钱的理由。这样一个如此小气的男人，你完全可以把他淘汰掉。

3. 孩子型

顾名思义，就是永远长不大的男人。这样的男人不分年龄大小，高矮胖瘦，年龄上已经是个大男人了，可是袜子还得妈妈洗，从来没帮母亲或妻子做过家务，你有什么比他优秀的地方，他就会觉得心里不平衡，觉得是对他尊严和面子的亵渎。其实，“奶嘴男”的心地挺单纯，性格也热情直率，如果你能心甘情愿当他的“老妈子”,愿意伺候他,那么可以继续你的母爱生活，否则还是早日分手为妙。

4. 虚伪型

他可能总是口是心非，因为害怕失去你，所以时常做一些让人揭穿后很尴尬的事情。自残，自虐，故弄玄虚，不关心你的朋友类型和你的交际。而一个真正喜欢你的男孩子，绝对会很想知道你的朋友都是些什么样的人，也会想和他们做朋友。他会想知道你的习惯和喜好，因为他想更了解的，是你的人和心。

5. 不负责任型

责任感是一个男人最需要具备的，一个愿意为家人的幸福而奋斗的男人，想不成功都难。没有责任的男人，你跟着他会随时感觉到生活的不安定，心中会时刻恐惧变动一刻的到来，你就如同一叶浮萍，飘忽东西，毫无自我意识。也许，当他某一天厌倦了，你就会成为被他踢的对象。

6. 目光短浅型

聪明的女孩应该学会远离那些对你们的爱没有信心和未来打算的男人。看一个男人是不是潜力股，要看他对自己的未来是不是有明确的目标和清晰的计划，比如半年计划，一年计划，三年计划……一个人没有企图心，等于没有方向感，没有目标和计划，也就没有希望。

女孩们，请睁大你们的双眼，好好观察。在遇到这些男人后，请主动绕道行走，这样在下一个转弯处，你也许才会等到真爱的到来。

第十一章

婚姻如鞋，舒适比漂亮更重要

1. 男怕入错行，女怕嫁错郎

现实生活中，行业的选择对于每个男人来说都是一种责任，进入何种行业发展与今后的个人前途有着重要关联。同样，对于一个女孩来说，如果选错人生伴侣就跟男孩择错业一样，或许会悔恨痛苦一生。

所谓“男怕入错行，女怕嫁错郎”。婚姻的选择是一个人一辈子的事情，尤其是对于女孩来说，婚姻的好坏甚至可以决定一个女孩今后的命运。女孩的青春短暂，如果不能正确地做出抉择，那么势必会为此而付出沉重的代价。

不知大家是否还记得当年名震一时的电视剧《上海滩》，当初那个在大陆人心中风靡一时的“冯程程”的扮演者赵雅芝，相信大家一定也不会陌生。

1973 年，赵雅芝参加了香港“无线”举办的“选美”大赛，名列第四。不过，赵雅芝并没有选择“无线”，而是在日本航空公司做了两年的空姐。直到 1975 年，她才正式进入演艺圈。对于赵雅芝来说，真正的转折点是 20 世纪 70 年代末的一部《倚天屠龙记》，她扮演周芷若。从那开始，她和“无线”合作大概演出了二十多部电视剧。机遇来了，爱情也来了。1975 年赵雅芝嫁给了电子工程师黄伟汉，并生了两个儿子。但是他们的婚姻很不幸福。分手之后，赵雅芝为了争取两个孩子的抚养权，不惜与黄伟汉对簿公堂，这也成了当年港台演艺圈最热门的一大新闻。

然而，又一个峰回路转，1981 年在拍无线电视剧《女黑侠花木兰》时，她认识了合演的黄锦燊，从相识到相恋，1985 年，两人在美国结婚。这位黄锦燊前两年获得了“大律师”的资格证书，现在偶尔也在电视剧中客串。接下来，是让人不得不羡慕的事——赵雅芝和黄锦燊结婚近二十年没传出过任何绯闻。

女孩们要明白，所谓的“嫁鸡随鸡，嫁狗随狗”并不只是说说而已，因为很多时候，女孩嫁给了什么样的人，可能这辈子就注定会过什么样的生活。尽管现在是一个男女平等、经济生活开放的社会，但是婚姻的好坏却仍旧决定了一个女人即将面对的生活。

当然，每个人开出的择偶条件虽各不相同，但都跳不出对物质方面各式各样的要求，虽然最后往往还会加上一条“他要爱我”。把“他要爱我”加在最后，表明这条相当重要，起压轴的效果，同样也表明只有符合以上种种物质标准者，才有资格和我交往，与我相爱。

但20几岁的女孩要明白，为什么面对婚姻，有些人会怕？或许就是因为见到有人错了后，自己才会怕。那为什么会错呢？因为大多数女孩虽然在婚前已经考虑过以后将要面对的人生和挑战，但是不少女孩却依旧抱有一种侥幸心理，以义无反顾的心态走进了婚姻现实时，事后方才懊悔，明白当初的抉择太过草率。

家家有本难念的经，女孩们也明知婚后生活会与婚前有很大的不同，可是因为当初的一念之差，有些人真就成了婚姻的牺牲品。或许当初花前月下的浪漫可谓甜蜜无边，或许当初为他一掷千金的意念无比坚定，可是如果对对方没有一个清醒的认识，被某些深藏劣根性的男人哄到手，慢慢地，他便会因为各种主客观原因开始怠慢你，不会去珍惜已经得到手的你。

20几岁的女孩，生活是现实的，除了每日必须面对的油盐酱醋茶等之外，还要面对婚姻中的情感问题。为什么那么多老夫老妻在相处多年后，感情归为平淡？为什么那么多的年轻男女不甘“七年之痒”的寂寞？因为感情是不定性的东西。如果你还没有找到可以和自己画完婚姻整个圈的人，那么就不要草率地做出决定。

对于要出嫁的女孩来说，婚姻不仅代表着嫁的是一种感情，而且还是一种生活。如果不想让自己一步错，步步错，那么就明智地选择吧。

2. 老公，不要最好的只要最合适的

很多20几岁的女孩在选择另一半的时候，总是会罗列出各种各样的条件:帅气、多金、温柔、体贴……这也许是每个女人心目中最理想的那个人，但是诸多优秀因素加在一起的完美男人，并不一定就是适合你的那一个。所以，20几岁的女人不要再像偶像剧中的小女生那样做一些不切实际的梦了。择偶如选鞋，不要眼巴巴望着那些无比贵重的名牌鞋子，只有自己脚伸进去感觉舒服、合适，才能快快乐乐走完漫长的婚姻之路。

20几岁的女孩要想成为幸福的女人，在选择合适的婚姻对象前，需要做出理智的判断。真正懂得婚姻真谛的女人，她们身边并非都是优秀的男人。因为她们明白，再怎样看似完美的婚姻其实都有着不同的缺陷，最优秀的那个并不一定适合自己，只有那个最适合自己的人，才会是自己幸福的归宿。

肖婷婷有一份在外人看来十分美满的婚姻，这并非因为她的老公有多么优秀，而是因为他懂得欣赏婷婷，全心全意爱她。

其实在结婚之前，这个男人并不是肖婷婷的梦中情人，但是这个男人的温情打动了肖婷婷。他总是给肖婷婷甜蜜的叮嘱：天冷多穿衣服，多吃点，胖了更讨人喜欢，多喝水，早休息……无微不至，就像父亲一般宠爱她。然而当他有苦有累的时候，却自己一个人默默扛着。在丈夫的呵护下，肖婷婷感受到的是一天天越来越深沉的爱。

有一次，丈夫出差回来，本来旅途很劳累，但是在见到肖婷婷的那一刻，立马嘴角上扬，非常神秘地拉着肖婷婷的手给了她一个惊喜。原来他大老远赶回来，就是为了给肖婷婷准备生日PARTY，而且在出差途中，他还抽时间为肖婷婷挑选了一条非常漂亮的贝壳项链。虽然他并不是肖婷婷心中

最向往的白马王子的形象，但是肖婷婷却非常感谢上天给予了自己这样一个丈夫，因为她每时每刻都在被幸福所包围。

有一本书中曾经写道：“在爱情最不如意的时候，如果沉迷其中就会成为悲剧。”很多女人一生寻寻觅觅，却还是未曾觅得那个最适合自己的男人。究其原因，无非是自己寻找的方向出现了错误。其实，最适合自己的那个男人，不一定是有钱、有权的所谓“成功”男人，因为钱、权的多少与婚姻幸福指数并不成正比。

许多在交往过程中“落选”的男女，不是因为他们有什么不好，大多是因为他们在某一方面“不合适”。不管恋爱如何浪漫，婚姻却是现实的，需要后半生生活在一个屋檐下同甘苦共患难，只有生活在最适合自己的爱人身边，你才会感到有了归宿一般的安宁。

不少年轻的时尚男女很信赖“郎才女貌”之说，显然，几乎所有男人都会因自己娶了个漂亮老婆而自豪不已。随着社会的进步，恋爱时不仅是男人喜欢找漂亮女人，不少年轻的女孩也会想找个帅哥做男友，那样无论到哪里都会非常有面子。

只是，20 几岁的女孩要明白，真正的幸福其实就是一种实实在在的感觉，它并不依赖于任何光鲜的外表。如果一个男人长着一张让无数女人着迷的脸，即便你成了他的女友，也不要高兴得过早，因为很有可能他只是徒有虚表，你可能只是他无数个“好妹妹”当中的一个而已。如果此时你被爱情虚假的表象冲昏了头，嫁给这样的男人，那么你的幸福必将如同石沉大海。

假如你是一个事业心强的女人，为了事业的成功可以牺牲时间、精力，如果你的另一半也和你一样，抱着为了成功可以不惜一切的想法，那么你们就会像一对优秀的合作伙伴；如果你生性淡泊，只想有一本好书、三两个知己，那就要选择一个和你持同样人生哲学、可以欣赏你的人共度一生，这样你们才会有幸福。

所以，20 几岁的女孩在选择老公时，一定要展望看到未来的婚姻之路。不要随心而动，也不要只是“重量不重质”。努力寻找一个最适合自己的恋人结婚，那么不管何时，你都会感到幸福而美好。

3. 要嫁的是一个爱你的男人，而不是豪宅靓车

根据一项统计显示，俄罗斯如今有 110 个亿万富翁，13 万个百万富翁，钻石王老五的数量仅次于美国，这一数字令梦想嫁个有钱人的俄罗斯女孩们垂涎不已。如今是一个经济社会，钓个“金龟婿”逐渐成为众多女性的追求和梦想。可是，“金龟婿”真的能给你幸福吗？

在根据作者经历改编的俄罗斯畅销小说《偶然》中，可以清楚地看到，作者所描述的上流社会生活其实并非如人们想象中那样光鲜亮丽。在有了足够的钱财外，真爱和幸福就成了富足人们最向往得到的东西。

2011 年，一部清穿剧《宫》的意外走红，让演员杨幂和冯绍峰成为当时最受人关注的银幕情侣，也使女星杨幂跻身内地一线女星的行列。在优酷影视盛典上，杨幂还摘取了该年最具人气女演员奖。

不卑不亢，快人快语，对于敏感话题绝不回避，这就是杨幂，一个号称“娱乐圈新劳模”的 80 后女生，这就是传媒为她所下的定义。在羊城晚报的记者采访会上，有记者提问：“都说干得好不如嫁得好，冯绍峰可是传说中身家上亿的‘富二代’，你是否想过今后以嫁这样的人为标准呢？”杨幂听后，颇为大度地回答道：“女孩嫁‘富二代’是为什么呢？为了不用奋斗吗？我还想奋斗几年呢！别人可以给你钱，但不能给你奋斗的阅历。”记者随即又提问道：“什么样的男生才能打动你？”杨幂答道：“要自信，有自己的事业，有责任心，能宽容我，理解我。”记者又问：“你算刁蛮女友吗？”杨幂从容应答：“也许我扮演过这类的角色，就被人家以为生活中也如此。其实我向往柴米油盐的爱情，两个人平平淡淡，长长久久相守在一起。我不需要男生一定要让着我，照顾我，我可以很好地照顾自己，也可以体谅他。”

如今这个社会，有些女人总以为嫁个有钱人才好，至少可以少奋斗二十年。从表面上看，嫁个有钱人是享福，可私下真实的生活又有多少人了解呢？身边有一些表面很幸福的女人，可以随意刷卡，可以挥霍地采购名牌衣衫，令人羡慕和嫉妒。可回到那空空的屋子里，她的心才是最凉的。

其实，真正的幸福并不是用钱就能买得到的。嫁个有钱人会让你变得很有钱，但是你不一定能够真正活得幸福美满。就如同上面杨幂所说的那样：女孩嫁“富二代”是为什么呢？为了不用奋斗吗？别人可以给你钱，但不能给你奋斗的阅历。

一个女人要想活得开心和幸福，首要的便是自立。不管是生活自立，还是金钱自立，这些都是必不可少的一种财富。如果想不劳而获或是想着靠男人来生活，那么你就会如同一只金丝雀，虽然能够住进华丽的笼子，但是却失去了自由飞翔的天空。

很多女孩喜欢灰姑娘的故事，喜欢听麻雀变凤凰的传说。有不少女孩受到不良社会现象的影响，觉得如今女人选老公，经济实力应该是最为关注的一项。如果男人是穷光蛋，屋没一间，车没一辆，上街买菜都要和小商贩讨价半天，嫁给这样的人，肯定会很累。然而“男人有钱就变坏”似乎也有道理，毕竟喜欢有钱的他的女人不会只你一个，因为有闲钱，他也许会经受不住诱惑。你拥有着他给的钱，同时还要与别的女人一起拥有他的身体与灵魂。一个女人，千万不能委屈了自己。

看来，嫁给有钱的男人，虽然能够享受到美好的物质生活，但是却要忍受寂寞与冷淡，外加提心吊胆。20几岁的女孩要清楚地明白，鸟翼一旦缠上黄金，就不可能再飞远了。婚姻虽然现实，但是也绝对不能做钱的奴隶。嫁一个爱你的男人，那样你才能在婚姻中享受到幸福的真谛。

4. 好男人有时候看起来并不那么显眼

曾经有一首很老的歌，只用一句歌词便诠释了好男人的意义："好男人不会让心爱的女人受一点点伤！"现实生活中，不少女人总是幻想着能够找到一个属于自己的好男人，能够拥有一份天真无邪的爱恋，但是直到容颜老去，却依然参悟不透爱的真理。

每个女孩对于男友的择取标准都不同，但归根结底都是为了找一个好男人，能够托付终身。20几岁的女孩要明白，真正的好男人也许并不多金也不帅气，他们看起来并不那么显眼，但是却能够与你一起把日子过得细水长流。

男人相貌平平，不是很有钱，但有着稳定的工作和收入。女人不漂亮，但却温柔善良。女人从不敢轻易相信爱情，男人也不想随随便便就踏入婚姻的殿堂，但是他们却到了结婚的年纪。可是结婚真的就这么容易吗？男人不这么认为，女人更加不会这么想。男人一心想找到一个真心喜欢的女人，女人却不知道自己究竟应该找一个什么样的男人。女人回家后相了一次亲，虽然没有成功，却没有什么失落感。

晚上，女人与母亲同床睡着。女人问母亲，结婚应该找一个怎样的男人？"找一个你自己看着顺眼的人就行了。"母亲回答了女人的问题。这种回答让女人有些失望，女人很希望自己的母亲能在这个问题上给自己一些建议，而她却只是很随意地说了这么一句话，好像全然没有一个普通母亲对自己女儿的关心。

终于有一天，男人忍不住对女人表白了。女人想了想，还是答应了他。婚后的生活很平淡，男人并不是那么耀眼，但是男人对女人却一直都照顾有加，每天的日子都过得简单幸福，而女人也在男人的照顾下，越发靓丽起来。

当有人问到女人婚后的生活时，女人只是浅浅一笑道："他就是我的灰太狼，虽然并不耀眼，但却是我生活中不可缺少的一颗糖。"女人就这样从平淡的日子中找到了真正的爱情。

的确，如果有一个条件非常好，各方面都很出众的人，可你却无法看他顺眼，那么又怎么能和对方共同生活一生呢？相反，一个各方面都很平庸的人未必就给不了你一生的幸福。其实生活本身幸福与否，就在于你是如何看待了。很多时候幸福就是一份来自生活的从容，并不需要华丽的装饰。

一个好男人，也许没有帅气十足的面容，但他眼中的光亮却是照亮我们前行道路的灯塔；也许没有显赫的权势和雄厚的资产，但是他的大手却能够拉着我们穿越马路鼎沸的人潮，在热气腾腾的路边摊体味浅浅的幸福；也许没有领袖的风范，但是他却能够在我们心情不好的时候有容忍我们小闹的气度。在我们很需要他的时候，丢下手头的事情陪着我们，哪怕只是一下下的时间。

什么是相濡以沫？其实更多的是指柴米夫妻生活中的一种情感状态。在今天越来越物质化的生活中，"柴米夫妻"一词已经渐渐被人们所遗忘，很多人追求的是香车宝马、烛光玫瑰的浪漫婚姻。然而，当越来越多的都市婚姻纷纷瓦解时，人们幡然醒悟，原来柴米夫妻比那些所谓的浪漫更让人留恋。平凡的男人，有一颗从容淡定的心，他们是真正能够读懂生活的人，因为平凡即是真。

20几岁的女孩应该明白，一个平凡的男人虽然看上去不起眼，但却能够让你收获一份真实的幸福。所以，想要真正收获幸福，就找一个平凡稳定的男人结婚吧。

5. 满足是停滞，知足是幸福

小的时候，有人给你一块糖，你觉得很甜，瞬间便会幸福；长大一些，有人给你一盒巧克力，很浪漫，你会觉得很幸福；再大一些，有人给你一间房子，很有满足感，你也会觉得很幸福……

其实在现实生活中，每个人都是有贪欲的。如果不懂得知足常乐，那么你就绝对不会幸福。很多时候，幸福就隐藏在平凡的生活里。它是一种心态，是一种感受的过程，只有将心中的欲望缩小，那么幸福感才会越强。

相信很多人都还记得95版《神雕侠侣》中那个超凡脱俗，不食人间烟火，既美丽又冷淡，既无情又柔情似水，令人印象深刻的“小龙女”的扮演者李若彤。

李若彤生长在一个大家庭中，家中有十个孩子，她排第七。她小时候就非常漂亮，邻居们都喊她“七仙女”。当时李若彤根本没想过要当明星，而是在香港国泰航空公司做空中小姐。生活中的李若彤喜欢独自在家享受清静，她自称是个热爱家庭、喜爱独处的普通人。

说起她的富商男友郭应泉，她只是微微一笑，笑容中有一种淡定的幸福。1996年，演艺圈不时传出小龙女为爱隐退的消息。可是李若彤不但没有退出演艺圈，还在内地拍戏，同时还要不时否认男友债务高筑。李若彤表示，不管男友是富是贫，她都会不离不弃。因为她不会坐享他的成功，也不会抱怨他一时的失败，她说一定要有自己独立的生活。

曾经的富商，离过婚，拖着孩子，年纪大，戴假发，事业也垮了，可是李若彤却对郭应泉不离不弃。她说自己很幸福，因为很知足所拥有的一切。

人要想得到幸福和快乐，关键就是要有一种乐观知足的心态。看看如今的婚姻，之所以有那么多的男男女女抱怨丛生，就是因为没有懂得婚姻中知足的真谛。你的妻子也许不是个美女，但她一定是最爱你的；你的丈夫不一定能给你洋房、汽车，但是他会给你全部的爱。有的家庭虽然没有百万家产，却有一个温暖的小窝可以遮风避雨，有着普通人的从容平淡。

知足常乐是一种心态，只有知足你才能珍惜现在拥有的。在遇到不公平待遇，心情感到委屈、憋闷或心理不平衡时，知足常乐的人很快就能使心情轻松平和起来，使心情由坏变好。当周边的环境不能随意志而改变时，我们能够改变的只有我们的心态。

很多人茫茫然不知幸福到底是什么。追寻幸福真的有那么难吗？在这个日益发展、不断进步的社会，越来越多的人开始意识到金钱所带来的幸福并不是真正的幸福。物质生活很容易会满足，但精神生活又该怎样满足呢？那是金钱所不能给予的。

20几岁的女孩，学会坦然面对生活吧，因为幸福快乐与否，是隐藏在你的心境里的。如果能够多一份坦然，多一份包容，那么你就会瞬间感受到这份知足的快乐。

6. 幸福婚姻不是拥有得多，而是计较得少

有人说婚姻中两个人的吵架基本是从挤牙膏的方式不同开始的，其实婚姻生活中很多事情都与对错无关。恋爱时两个人稀里糊涂，觉得对方就是无可挑剔。可是结婚了，却发现爱情在婚姻中变了味道，于是开始怀疑、争吵，曾经甜蜜的爱情变得支离破碎。

事实上，婚姻和爱情是两种不同的状态。对那些在围城外踟蹰不前的人来讲，婚姻也许会成为爱情的坟墓，但是只要两个人都能够齐力地去悉心呵护，那么婚后也能甜蜜如初。很多时候，幸福婚姻不是拥有的多，而是计较的少。

一对夫妻结婚两年，吵架却吵了一年半，于是他们决定分居，分居的日子里孤单寂寞，他们终于明白其实彼此依然深爱着对方。只是他们都非常好强，谁也不肯向对方低头，就这样，他们分居了半年。

最终妻子决定挽救他们的婚姻和爱情。在情人节的这一天，妻子提前准备了当晚的烛光晚餐，准备向老公妥协。正当妻子将清蒸鱼放进微波炉时，忽然看到一只老鼠从她脚下窜过，妻子慌忙拿起电话拨通了老公的号码：“喂！你快回来，家里有只老鼠，我快被吓死了。”在那边的老公只一句“遵命！”便立即赶回了家。就这样，仅仅是一句话的妥协，他们的爱情复活了，婚姻复活了。

婚姻中，夫妻常常为一些鸡毛蒜皮的小事发生争执，又因为谁也不先妥协而激发更大的战争，结果使得婚姻走向终结。其实，拥有了玫瑰，不等于拥有了爱情；拥有了爱情，不等于拥有了家庭；拥有了家庭，不等于拥有了

生活；拥有了生活，不等于拥有了幸福。真正的幸福是需要夫妻双方共同去经营的，而其标准便是宽容。

有一对夫妻，历经磨难才走到一起，却因为挤牙膏的方式不同而离婚了。想想真是让人感慨万千，事实上，除了挤牙膏，还有睡觉前谁关灯，早上谁接那个吵醒美梦的电话，谁在孩子的作业本上签名，等等，任何一件小事，都可以让我们拿出当初追求爱情的劲头来折磨爱情，直到最后两人疲惫不堪地在离婚协议上签字。

20世纪60年代，美国著名心理学家弗洛姆写了一本叫《爱的艺术》的书，据说当时全球有数亿的人读过此书，其中绝大部分读者是婚龄青年。结果呢？一部分人从中得到了爱的启迪，而更大的一部分人却大失所望。原因只有一条：弗洛姆告知人们应该怎样去爱，但却没有给人们一把爱的标尺。

面对这个问题，我们可以就此对照一下人们的现实生活。其实生活中有很多人一生都在被爱困扰着。为什么呢？因为他们一生都没有弄清楚爱的内涵，却用一生去问自己爱的理由。其实，真爱根本就没有丈量的尺寸，如果说每对夫妻都能够做到相互理解，相互宽容，那么又何尝不是真爱呢？

叔本华曾经说过："自己生活，也让别人生活。"这句话可以作为爱的基本前提。爱的目的，不是为了让自己更好，而是让他人更好。任何爱，究其终极，就是要学会尊重和宽容。其实，家不是讲道理的地方，谁先妥协有什么关系呢？何必为了一丁点小事就相互争吵，为了一点凡俗琐事就撕破脸，弄的整个家庭都不和谐呢？

爱情是美丽的、激扬的，但是如果没有宽容的依托，不过是昙花一现，来得快去得急。当你走进了婚姻的城堡，就不要奢望男人像恋爱时那样热烈地爱你。如果你想让他依然爱你，那么就要宽容一点，学会在一些无关紧要的小事上妥协。

或许有的女人天生就是多虑而敏感的，喜欢纠结，喜欢想得太多，其实这样无非是给自己带来一些困扰，不开心的只是自己。为了他人而自己生气是不值得的，尤其是为了一些小事情而影响自己的小家庭更是不值得的。

每一个人都是与众不同的，每一个女人都要学着以宽容的胸怀去包容丈夫的缺点，既然你爱他，就要全部接受他，就算他有很多毛病，因为这才是真实的他。如果他愿意把自己真实的一面毫无戒心地展示在你面前，那说明他也是爱你的。如果你想保持他对你的爱，那么就睁一只眼闭一只眼吧，睁大眼睛看他的优点，闭上眼睛忽略他的那些臭毛病。

聪明的女人不会做出一些“因小失大”的事情，她们在处理自己的婚姻生活时，通常都是理智而且宽容的。因为她们明白，再大的事情也总有解决的办法，为什么非要弄的家庭不和睦呢？婚姻本来就是需要两个人相互体谅的，幸福婚姻往往也是建立在双方的妥协之上的。

20 几岁的女孩在真正步入婚姻之后，一定要学会聪明地处理和丈夫之间的关系，巧妙地化解婚姻中的一些隔阂。婚姻就是一门妥协的艺术，本来就无对与错的关系，既然有缘成为一家人，为什么不和和美美地相伴走完这一生呢？

7. 女人需要宠爱，男人需要的是尊重

美国心理学家爱默生博士曾经从男女之间的天然差异入手，研究发现了如今 50% 的婚姻以失败告终的真正原因：忽视了双方的天然需求——女人天生需要宠爱，男人天生需要尊重。很多时候，男人的成长与成就需要女人来尊重，而相对应的，女人天生也是要被宠的。

在婚姻中，有很多男人总是喜欢抱怨女人为什么不能够顾及其感受，而女人也总是对男人的感情产生怀疑。其实，这些抱怨和怀疑本就是人的天性。因为只有当女人感觉到被爱，男人感觉到被尊重，感情才能保持稳定，而这也是经营婚姻的最好方法。

珍珍的老公陈均伦是一家市级电视台的主持人，在这个岗位上，他已经有了多年的历练经验，而且在当地也小有名气。在观众的眼里，陈均伦是备受崇拜的，在电视台领导眼里，陈均伦也是一个优秀的可造之才。

当然，陈均伦自己也明白自己的实力，觉得应该随时扩充自己的知识，所以他希望自己继续深造。他告诉珍珍，自己想辞职去美国留学。或许在别人的眼里，在陈均伦这个年纪，在事业最当红之际却急流勇退选择辞职是非常不明智的选择，可是珍珍却没有反对，她非常尊重老公的选择。在她的眼中，老公一直都是一个非常理智的人，既然能够做出这样的决定，那么也就代表着他心里有了数。

当陈均伦听到珍珍给予自己的鼓励后，更加坚定了自己的选择。很快，陈均伦便辞职开始了他的留学生涯。几年后，陈均伦凭着优秀的毕业成绩回国，而且越发的富有魅力，多家电视台邀请他做节目主持人，他的事业可谓是如日中天。当他接受记者采访的时候，他微微一笑说："其实，我最感谢

的还是我的妻子，因为她的尊重，才有了今天的我。”而妻子珍珍听到后，只是一副非常甜蜜的样子依偎在他身边。

有人曾经说过：“一个事业成功的男人背后一定有一个默默无闻的女人。”是的，正是因为女人对男人的尊重和支持，才造就了男人事业的辉煌成功。真正聪明的女人不仅懂得在生活中如何小鸟依人，也懂得如何才能够做他事业上的支持者。一个完美的家庭需要两个人的共同努力，才能营造出其乐融融的景象。

女孩子在婚前恋爱中可以闹点小脾气，毕竟恋爱中男人的容忍度总是超强的。但是结婚以后，女孩一旦成为女人，就应该把自己的暴躁脾气和娇小姐脾气收敛一下了。此刻的你已经褪去了当初的青涩，已经是一个家庭的女主人，要学会具备当家主母的样子。你不仅要表现得从容大方，还要学会善解人意。

在一次全国性的调查研究中，400 位男士成为调查对象，在针对自己感情生活两个不同的消极经历中，他们要做出选择。第一，独自一人，这个世界上没有人爱他。第二，每个人都不尊重他。结果，74% 的男士都说如果一定要在以上两个中做出选择的话，他们更倾向于选择没有人爱他的世界。其中大多数男士这样说道：“我情愿娶一位尊重我但不爱我的妻子，也不愿意娶一位爱我但不尊重我的妻子。”

另外，女人也需要疼爱。每个女人都想没有缘由地拥有更多的爱，被爱着宠着，因为只有这样她才会感觉到自己是真正的好女人，才会从男人那里找到属于自己婚姻生活的安全感。其实，尽管女人味是女人自身的修养，但是很大部分也是靠男人疼出来、爱出来的。所以，男人也要懂得疼爱女人，女人才会美丽如初。

好的婚姻都是建立在“尊重”之上的，因为它是幸福的首要条件。一个尊重男人的女人，这个男人反过来也会考虑你的权益，他会以你的幸福为前提，给予你所要的安全感。因为任何时候，会尊重，才会信任，才会有幸福。

尊重是幸福的最基本条件，宠爱是使婚姻甜蜜升温的条件。没有尊重，就如同缺乏支撑屋顶的梁木，爱情的堡垒便会脆弱得不堪一击，更别提遮风避雨了。而没有宠爱，那么爱情的堡垒就如同没有任何装饰的毛坯房，看一眼便觉得满目凄凉，没有半点温馨之感，连想入住的心情都没有了。

所以，20几岁的女孩，如果你已经考虑结婚，那么一定要记住一个好爱人的基本品性是尊重，而尊重也是成就美满婚姻的基本前提。

8. 给对方一定的自由和空间

大家都知道，如果手上的沙子捏得越紧，就越容易从指缝间漏出去，但是如果稍微放松，反而能够抓住更多的沙子。其实，感情亦是如此。你越是把对方抓得特别紧，那么对方越会受不了你的紧逼盯人，有可能最后被逼而走。

其实夫妻之间，感情归感情，但如果真想把关系处好，技巧也是少不了的。而握沙的尺度，其实就是驭夫（妻）的精髓所在。毕竟人人都渴望拥有自由，即便是结婚以后，彼此也需要给对方一定的私有空间。

文娟从小就不希望被束缚，开明的父母也给予了文娟足够的空间，她可以做她想做的任何事，只要是对的，父母绝不干预。婚后，文娟的生活也基本上没变，老公不是管她的人，而是一个完全信赖她的人。

平常在经历了一天的繁忙工作之后，文娟偶尔会在下班后和朋友聚聚会，或是自己找一个咖啡屋安静地待会儿，这样一天的压力便会化解开来。当然，她也不用跟丈夫做很多解释，只需要说“今天我晚点回来”或是“不用等我吃饭了”就行了。丈夫也从来不翻看文娟的手机，因为老公了解文娟的性格，而且也非常相信她。在结婚以前，老公就明白文娟希望有自己的空间和交际圈子，也知道给老婆自由是对老婆的一种尊重。所以，婚后的文娟总是有幸福相伴的，家庭和工作从来都没有出现过什么大的波折。

有人说，结了婚的女人都在一夜之间突然变成了超级间谍，对丈夫总是管教有加、步步设防、层层加锁，害得男人们总是抱怨：再也没有以前的日子了。其实女人应该明白，男人需要放养，放养只是一种放手，而不是放弃，有张有弛，亲密有间，不能刻意管理，好比对蝴蝶，抓得紧会死掉，它更喜欢自由的天空。

纪伯伦在谈论婚姻时曾经说道："在合一之中，要有间隙。"琴弦虽然在同一音调中颤动，但每根弦却都是单独的，这样才能演奏出美妙的乐曲。婚姻是一对一的自由，一对一的民主。不要偏执地认为"你是我的"，那样就会使自己的爱巢变成囚禁对方的监狱，里面的人十有八九想越狱，只是看他（她）有没有胆量而已。正如一首古老的法国歌曲唱道："爱是自由之子，从不是统治之后。"

其实，给予对方一定的私人空间，是大大有利于夫妻间的情感保鲜的。整天做斯守状的夫妻，更容易产生敌视与轻视情绪，从而毒化婚姻本质。不管男人也好，还是女人也罢，都是需要用来爱的，不是用来管的。因为婚姻不是牢笼，对方不是犯人，看守也不是一件省心的事情。

月老的红线，牵住的是两颗心，并不是两个躯壳。有人觉得，对老公要看紧、要管牢，要有这样那样的"措施"。但是真正聪明的女人却宁愿把他放远，不担心他像风筝，一旦风大就被吹了去，了无踪影。因为她知道，最终牵住的是他的心。信任他、爱他、支持他做的一切，给他要的空间，那么反过来，他也会尊重你，并且对你的做法心生感动。

女人要知道，一个值得你去爱的男人，应该是懂得适时放手，给你自由，让你去干自己想干事情的男人。他不会无端查看你的手机短信和通话记录，不会让你有被间谍监视般的感觉，而是会让你生活得轻松自在。如果对方已经对爱失去了信心，那么任凭你再怎么重兵把守，还是会留不住。

一个好的男人会懂得给女人一定的私人空间，因为他了解女人的心态，女人希望有自由，希望得到信任，这种了解必定是建立在爱和关怀的基础之上的。除此之外，男人给予女人一定的私人空间，也是一种信任和自信的表现。真正有魅力的男士，不仅会时刻对自己充满自信，而且也有一种与生俱来的豪气。

婚姻生活的平淡的确让很多人都难以接受，因为双方在一起待的时间长了，就会出现厌倦，出现不平衡。不妨试着换位思考一下吧，你希望自己的生活每天都被他人禁锢在一处，凡事都需要得到对方的认可才能行动，而且随时都要遵照对方的意愿去生活吗？估计没有一个人会去这样做。在婚姻生活中留给彼此一份空隙，是绝对有必要的。

20几岁的女孩要明白，爱是自私的，但爱也是无我的。任何人都不想做他人的附属。如果想要收获一份完美的婚姻，那么就要给自己和对方预留一个可以遐想的空间，增加一点彼此的神秘。

9. 学会彼此宽容与理解

如果把婚姻比做汽车，那么爱就是灯光，而包容、忍让、体贴就是油。世界上没有不打架的两双筷子，恋爱和婚姻生活中，男女双方发生矛盾和争吵也是在所难免的事情。但是，如果彼此之间能够学会宽容和理解，那么一切问题都能够化解开来。

已婚的女人应该仔细品读一下自己的婚姻，仔细审视一下婚姻中的自己。家是讲情的地方，不是讲理的地方，如果你能够在双方矛盾骤起的刹那，适时地打住并且调整态度，那么又何尝会迎不来晴天呢？

2010年，北京电视台重磅推出了一部叫作《媳妇的美好时代》的电视剧。这部电视剧的推出，成功捕获到了广大电视观众的心，几乎成了居家必看的电视节目。剧中男女主角余味和毛豆豆的生活，真实反映出了现实中小老百姓的居家生活。其中，余味和毛豆豆那种对待生活、处理家庭矛盾的态度和方法让人受益匪浅。

故事中，毛豆豆面对的是两个见面就打架的婆婆、一个新婚便失去丈夫、精神受到刺激而寡居在家的小姑子。在这种复杂的家庭关系中，豆豆始终能以一颗大度、宽容的心对待，总是能换一个角度为她们着想，从不与她们发生正面的冲突。而丈夫余味在这种复杂的家庭关系中，总能见风使舵。生活中丈夫余味对豆豆的处境也总能以一种同情和理解的心态来对待。“好豆儿、好豆儿”“你是总指挥、我是总干活”几乎成了余味的口头禅。尽管在这样的家庭环境中很是受苦和委屈，但是因为有了丈夫的宽容和理解，豆豆依然充分感受到了爱情的美好和幸福。

婚姻中的争吵不仅会让自己陷入尴尬的境地，也会让夫妻俩的感情越吵越淡。聪明的女人总是懂得把战火扼杀在未燃之前，这样既不影响双方的心情，也免去了争吵过后想要台阶下的尴尬。尤其是对于刚结婚的年轻女孩来说，夫妻间要经过一段时间的磨合之后才会互相熟悉，两个人之间才能配合完美。

两个人能够牵手走到一起，就应该明白“若相遇，请相惜”的道理。每个人都会有自己的思想，自己的情感表达方式。既然已经成为彼此生命中最重要的人，那么两个人就应该明白宽容与理解的定义。在婚姻中，两个人也许会因为相处的方式不同而矛盾四起，既然矛盾本身在所难免，那为什么不让自己多一些理智呢?

曾经有这样一句妙语写道：“婚姻是唯一没有领导者的联盟，但双方都认为他们自己是领导。”婚姻不是一个人的事情，婚姻里的人都要对婚姻本身负责。两个人从踏入婚姻开始，往后的风雨之路是需要两个人共同来承担的。当个性冲突时，彼此之间稍不留神就擦枪走火，很多家庭就是因为个性冲突最后亮起了红灯。所以，婚姻需要彼此的理解和包容。

婚姻不是冲动的惩罚，是彼此之间的一种感觉，这种感觉是彼此之间的感动堆积而成的。因为理解，所以多了一份动容；因为宽容，所以多了一份感动。婚姻的城墙就是在这种情况下，慢慢经过岁月的演练之后，由一砖一瓦的感情堆积而成。

生活中，我们常会听人说，婚前要睁大双眼，婚后则要睁一只眼，闭一只眼。因为一旦选择做了终身伴侣，那么双方就要多多理解和宽容对方。家永远都是一个温馨的港湾，是心灵的居所，是爱存在的地方。很多时候，适时的忍让能让彼此体味到更多爱的信息。很多时候，只要双方中的一人稍微装装傻，那么家庭中就会少些阴云，多些阳光。

婚姻中的女性一定要懂得宽容和理解。处处体谅他人能够体现一名女性的温柔和善良。任何一个男人都希望自己的妻子能够理解自己。如果想要在婚姻中及早到达幸福的彼岸，那么就用心去体会一下对方的感受吧。

第十二章

永远不做奉献到底的“女神”

1. 为何女人付出越多越拴不住男人

法国作家波伏瓦有一句名言：“男人要求女人奉献一切。当女人照此贡献一切并一生时，男人又会为不堪重荷而痛苦。”现实生活中，有些女性一旦交了男友或者结了婚，立刻就如同百废俱兴更换了朝代一样，什么事情都开始围着身边的男人打转。

看看那些心中整天除了挂念就是抱怨的女人们，曾经姐妹们的小圈子不走了，外出吃饭也不去了，集体活动不参加了，就连工作上的事情也不上心了，全身心地当起了“高级保姆”，身边的男人仿佛就是太阳，而自己整个就是个向日葵。其实，女人可以专一，可以深情，可以执着，但要珍惜你的付出，因为不是付出越多就越好，要有自己的原则底线。

王英和杜云在同一所学校读书，两个人都来自乡下农村，因为相同的生活背景，两人很快就擦出了爱情的火花。他们的爱情虽然不像别的恋人那样奢侈，却也充满了温馨与浪漫。

虽然大学里有着严格规定，但意外还是发生了，王英怀孕了。但是，为了爱和杜云的前程，王英一个人承担了下来。更重要的是，她想让杜云知道，她有多爱他，为了他，她可以放弃一切。

事后，杜云跪在王英面前说：“你放心，我们说过一辈子相爱，一辈子在一起的。毕业后我找好工作就接你回来，你先回家等我，好吗？”于是王英带着杜云的承诺辍学回到了老家。毕业后，杜云如愿留在了北京，而且找到了一份好工作。很快，就有同事给他介绍女孩子了，对方是本地人，家境不错，能对杜云的前途有很大帮助。他心中情感的天平开始倾斜了。

三个月后，王英生了一个男孩，她来信说：“多想你在身边。”于是杜云回到老家看她。但当他看到敞着怀、正在给孩子喂奶的王英时，再想一想北京的那个美丽女子，杜云的心更加动摇了。杜云的种种表现被王英看在眼里、明在心里。她只是默默说道：“如果你不方便，我是不会拖累你的。”

杜云虽然羞愧不已，但是在城市女子与王英之间，他还是选择了前者。他换了手机号，搬了家，把旧的那套东西全部抛弃后，再也没有回头看过王英一眼。

现实生活中，有很多女人都想将自己的一生交在一个男人手中，但却得不到这个男人的珍惜，在遭遇背叛的时候，没有选择反抗，而是默默地忍受。也正是这样的女人，让那些无情的男人得寸进尺，不将她们的悲伤放在眼里。

女子演唱组合 SHE 在其专辑中唱道：“……我有自己的生活，爱不是每天相依为命。我要对爱实行半糖主义，直到让你觉得意犹未尽，若有似无的甜，才不会觉得腻……”每个女孩都要明白，对待感情一定要有自己的底线。很多时候，你付出得越多，对方反而会不珍惜，这通常也是男人的通病。

刚开始的时候，他可能会对你如胶似漆，可是热恋一过，他可能又会挽起她人的手。你可以为了他付出一切，甚至是自己的身体，可是他却不一定这样想。他只会觉得你太容易得到了，等把你的心真正捕获到手，他也就不再珍惜。

任何时候，女孩都要明白，在这个世界上，没有人能够真正为你负责，你所要做的就是努力让自己活得更好。不要把希望寄托在别人身上，更不要把命运的缰绳交到别人手里，要自己掌握自己的命运。爱一个人要全心全意，但当这个男人并不值得你继续爱的时候，再继续盲目付出就是愚蠢了。每个人首先都要学会爱自己，才会被他人所爱，当你一再的让步却得不到相应的回报时，说明在对方的眼里，你这种付出已经微不足道了。再深的爱，也不能失去了自我，失去自我就等于等去了一切。

20 几岁的女孩，一定要努力绽放自己的光彩，当你的光芒足够强的时候，你才能真正迎来幸福生活的那一天。

2. 即使他愿意养活你，也别轻易做全职太太

不管是思想柔弱的女子，还是驰骋职场的女强人，其实都渴望自己的生命中有一个依托之所。很多结了婚的女人，总是想着依附男人来生活。她们希望能够夫唱妇随，甚至愿意主动放弃自己的事业，回到家庭中做一个全职太太。

女人放弃工作，回家围着厨房孩子转，时间久了，难免会沦为柴米油盐酱醋茶、东家长西家短的琐碎妇人。每天只关心菜价的你，恐怕连女友都会觉得你乏味了，何况男人呢？

有一位很漂亮的知名演员，在一次拍戏中邂逅了一位美籍华人，很快两人便相恋了。恋情发展很快，而一名演员如果想要结婚，肯定会对自己的事业有影响。于是她毅然选择了息影，在结婚后努力做了一个全职太太。

这名演员非常爱她的丈夫，不管什么事情都对他百依百顺。他说什么，她都随声附和。为了丈夫的事业，她全然扮演起了一个保姆的角色。为了迎合丈夫的兴趣，她强迫自己去看一点都不懂的金融新闻，对丈夫唯唯诺诺，凡事看他的脸色行事。当初那个在影坛上叱咤一时的漂亮女演员，就这样为了丈夫牺牲了自己的一切。

当岁月渐渐流逝，女演员的青春逐渐不在，已经成为三个孩子的母亲后，男人回家的时间也越来越少。她想丈夫繁忙也是的，没有做出过多的质疑。她依旧每天按时送孩子去上学，下午回家做家务，然后出门，去咖啡厅看会书和报纸，晚上准时回家等待丈夫的归来。可是，让她万万没有料到的是，丈夫已经有了外遇。她不明白自己错在哪里。她是那么爱他，对他那么好，他却移情别恋喜欢别的女人。

年轻的女孩子，不要以为嫁了男人就一定有饭吃有衣穿。男人不是你的长期饭票。没有哪条法律规定谁一定要爱你一万年不变。爱不爱你是他的自由。你看哪家保险公司会为爱情保险？女人要有自己的谋生盘算。干好工作，自力更生总是好的，靠人吃饭总是气短。

男人的财力也是自己打拼的，他从骨子里敬重女人的自立。经济能力是女人的骨气。男人为什么一定要为你刷卡？你为什么不能自立？好吃懒做，做寄生虫总是叫人瞧不起。女人要居安思危，保持学习，不要丢失了你的谋生技艺。

真正聪明的女人是绝对不会过分依赖男人的，即便是结婚以后，她也不会为了一个男人而倾尽所有。很多女人因为结婚或生小孩、照顾小孩等原因不得不放弃工作，回到家庭做全职主妇，久而久之就与社会脱节，没有朋友，没有收入，也没有自己的精神乐园。眼里只有老公和孩子，因为自卑，心胸也变得很狭隘，整天怀疑老公，对老公和孩子除了唠叨还是唠叨，可以想象得出来，如果以这样的情况发展下去，结局必然就是被抛弃。

20 几岁的女孩，即使对方表明愿意养活你，也不要轻易回到家庭做全职太太。无论何时，你都要学会独立过日，不要成为樊笼下的一只倦鸟，那样你才能在风暴来临时，经得起任何的考验。

3. 可以死心塌地爱一个人，但不能失去自我

生活中，很多女孩认为只有时刻将对方放在心中第一的位子，才是纯粹的爱情。无论自己付出多少，甚至牺牲掉自我，也是一种伟大的牺牲。但当你不再拥有自我的个性，每天的存在只是因为爱别人，你心底真的会觉得快乐吗？

有句话说得好：“永远不要为了爱一个人而失去自我，那样，痛苦的就会是两个人。”女孩们要明白，你可以深爱对方，但却不能因为对方而失去自我。因为一旦你失去了自我，就相当于失去了最为宝贵的灵魂，最终就会失去爱。

刘莉和丈夫徐帆结婚后，日子一直都过得很紧张，经常要考虑怎样节省着去还上千元的住房贷款，怎样才能攒到更多的存款。每每想起这些，刘莉就感觉自己肩上仿佛有千斤重担，压得她喘不过气来。她精打细算地过着日子，但家里的开支还是居高不下。

和很多女人一样，她也爱美，却只能顽强抵挡来自精美时装和高档化妆品对她的吸引把这些爱好都尘封在自己心底。有一段时间，她每天起床后都感觉自己头昏眼花、筋疲力尽，徐帆劝她去医院检查，可她不肯去，觉得是花冤枉钱，她总想自己还年轻，身体素质也不错，不会有什么问题，忍一忍就会过去的。

直到半年后的一天，她突然晕倒在家门口。徐帆急忙叫救护车把她送到医院。医生告诉徐帆，刘莉患的是癌症，如果早些发现，早点治疗还有希望，可是现在已经到了晚期，留给她的时间只有半年了。躺在医院的病床上，看到沉默不语的徐帆，刘莉感到深深的后悔，后悔没有珍惜自己的生命，没有

爱护自己的健康，没有多爱自己一点。

长期以来，很多女人往往不自觉地把老公、孩子和工作摆在主要位置，而把自己放在次要位置。她们考虑问题多是从家庭出发，很少考虑自己的感受、自己的需要，她们把自己的爱毫无保留地献给事业和家庭，却忘了让爱的阳光去照亮自己的人生。这样的女人，值得敬重，却又透着些许的可怜。

爱一个人，你也许会奋不顾身；爱一个人，你也许会失去主张；爱一个人，你也许会身不由己。那是女人的可爱，也是女人的弱点。女人要明白的是：爱他，也要先爱自己；爱他，也要为自己留一份空间；爱他，也不要失去自己。没有男人能对女人的容貌一直倾心，你只有丰富自己的内心，这样你才能够让这份爱永远地维持下去。

一个不懂得爱自己的女人是可悲的。一旦她为爱而失去了自我，那么就如同天空中任意飞翔的鸟儿折断了翅膀一样，会困在一个地方，终生百无聊赖地活着。

女人是柔弱的水，是娇艳的花，女人需要悉心的呵护和关爱，包括来自自己的那份呵护和关爱。爱自己的女人，才能得到别人真心的爱；爱自己的女人，才更有能力去爱别人。女人的美丽来自于内在气质的修炼，来自于独立人格的造就。女人只有不依附男人，才能保持独有的魅力和青春。

聪明智慧的女人，应该学会满足自己的爱美之心，学会放松自己紧绷的神经，学会倾听自己内心最真实的声音，学会管住自己身体发出的各种信号。因为当你开始为自己而活，并且时刻表现出自信与骄傲时，才能真正地吸引住异性的眼光，这样的人生才会真正活出美丽和精彩。

4. 记住，你是女主人，而不是女佣人

在历史上，中国妇女的社会地位是很低的，女人几乎就是男人的附庸。在整个家庭中，女人有时候甚至就相当于佣人。可是如今早已不同于过去，现在的女性地位和男性几乎不分上下，有时候，女人在某些方面的专长甚至还超越了男人。

但是，当女人为了爱，为了男人，为了孩子，心甘情愿地放弃自己的一切，甚至委曲求全做起男人背后的那个“女佣人”时，不知你想过没有，等到男人终于功成名就的那一天，他的心有可能也悄悄飞走了……

香婷是一个腼腆温柔的女孩，结婚后一直都遵从着老公为上的原则。平常的她在家一般都很听老公的话，因为性格好，所以她和老公之间的感情一直都很稳定，从来没有什么争执。

由于香婷在事业单位工作，每次下班都比老公要早很多，所以每次下班后，她都会按时提上菜篮去菜场买菜，然后回家做饭，一直等到老公回来。可能是因为平常伺候老公惯了，在家的时候，不管任何事情，老公总是习惯性地指使香婷去处理。有时候家里来了客人，老公随口一呼，便让香婷去倒茶，而香婷也从来不多说什么，低头就去了厨房。老公那些不知情的朋友见了后，都非常羡慕他能有这样一个温柔的妻子。

随着老公在事业上不断地努力，职位和薪金都提高了，朋友圈子也越来越大，老公的性格也越发飞扬跋扈起来。平常在家，不管香婷愿不愿意，老公总是把她当作佣人一样使唤来使唤去。有时候香婷会安慰自己，认为老公在外面辛苦了一天，自己这样伺候他也是理所当然的。可是，老公对香婷的付出却丝毫不放在眼里，越发把她当作仆人一样看待。而香婷在其他人眼中

也越发憔悴，这种逆来顺受的脾气在她心中仿佛已经扎了根，她越发活得卑微了。

其实，放眼我们周围，可以看到很多和故事中的香婷一样的女性。她们往往为了家庭和丈夫而放弃了自主权，将自己的一切以大无畏的“献身”精神给了那个最爱的男人。可是，如果女人习惯了被奴役，习惯了逆来顺受，那么就真的要失去自我了。

在婚姻中，很多女人总是认为，只要自己的付出是为了男人好，那么这些付出都是值得的。尤其是做那种追求事业、为事业打拼的成功男人背后的女人，她们会觉得是一种欣慰。能够为了自己心爱的男人付出，这是每个女人心中的愿望，可是在付出的同时，也不要忘记了自己做人的尊严。毕竟你也是一个家的主人，而不是被他随随便便使唤的佣人。

每个女孩子都应该把主人和佣人的概念区别开来。这个世界上，没有谁离了谁不能活，也没有谁非得为了谁而委曲求全地过一辈子。每个女人的青春都很短暂，如果说在大好的青春年华里仅仅是为了一个男人而倾尽所有，那么就太傻了。很多时候，当女人已经把自己的付出当成了一种习惯，男人也会日渐麻木。

有一位成功男人曾经这样说：“在公司，全体员工需要我的呵护；在外面，我要应付不同的人，谁都不能得罪，而我呢？我也需要‘呵护’。”男人指的呵护就是在家指使老婆为他做事，给他制造出一种让他非常放松的感觉。在他眼中，妻子就是保姆，是可以供自己随意消遣的人。

女人要明白，你有自己的尊严，你可以靠自己的双手打造属于自己的天空，你可以充满骄傲地活下去。为什么要被你深爱的男人一再伤害呢？

诚然，男人喜欢贤惠的女人，但是不会对一个保姆般的女人感兴趣。生活中有很多女人放下自己的个性和追求，封闭了自己的智慧和成长，把自己永远固定在贤惠般保姆的角色里，结果是丢失了自己。女人若是自甘丧失自我，还有什么魅力可言？

婚姻需要经营，婚姻中的男女需要互相理解、欣赏，婚姻需要付出也需要给予。20几岁的女孩，千万别在婚姻中充当那个被人随意使唤的“佣人”，拿出女主人的胆识和魅力，才会让对方更加欣赏你、爱你。

5. 为男人生，为男人死，不如和男人地位对等

在《大话西游》这部电影中，蜘蛛精为了得到至尊宝，曾经用了迷魂大法。那个时候的至尊宝被控制了意识，心甘情愿地受蜘蛛精的摆布，甚至连自己的生死都不顾。有些时候，恋爱中的女孩就如同那个中了法术的至尊宝一样，常常让自己爱得盲从。

不知女孩们想过没有，就算你可以为了这个男人生，为了这个男人死，可当有一天这个男人开始无视你的存在，开始对你怠慢时，不管你如何要死要活，心伤的也只会是自己。真正聪明的女人，不会让自己的爱缩躲在角落低泣。与其爱得被动，不如让自己变得强大起来，和男人地位对等。

“二战”期间，在庆祝盟军在北非获胜的那一天，一位名叫伊丽莎白的女士收到了国际部的一份电报，她的丈夫，她最爱的一个人，因忠于国家而战死他乡。她无法接受这个事实，她决定放弃工作，远离家乡，把自己永远藏在孤独和眼泪之中。

当她清理东西准备辞职的时候，忽然发现了一封早年的信，那是丈夫生前给她留下的一封信。信上这样写道：“我知道你会撑过去。我永远不会忘记你曾教导我的：不论在哪里，都要勇敢地面对生活。我永远记着你的微笑，像男子汉那样，能够承受一切的微笑。”她把这封信读了一遍又一遍，把信上的文字抚摸了一遍又一遍，突然发觉似乎他就在自己身边，用一双炽热的眼睛望着她：你为什么不照你教导我的去做？

伊丽莎白打消了辞职的念头，一再对自己说：我应该把悲痛藏在微笑下面，继续生活，因为事情已经是这样了，我没有能力改变它，但我有能力继续生活下去。我一定要活出另一番精彩，我要让深爱的丈夫看到他的妻子是

一名坚强的女性。

有人曾经说过：女人的另一个名字是坚强，遇到任何困难，任何挫折，女人都会比男人更有毅力活下去。软弱的只是女人的外表，事实上，女人有些时候比男人还要坚强自信。男人没有资本去轻视女人，也没有资格去控制女人。女人应该明白，自己感情的归属是自己才能掌握的权利，没有必要让一个男人来掌握自己的人生与生死。

每个女孩都要明白，这个世界上没有一个人会真正陪伴你到最后。很多时候，有些路注定了要一个人走。缘分到了，你可以坦然接受。缘分散了，却还想死死地抓住不放有什么意义呢？

当他不爱你的时候，请不要在他的面前伤心难过。骄傲的你，不要放弃本来属于你的骄傲。每个女孩都要记得，只有爱你的人，才会真正地去疼惜你。

聪明的女人都深知，爱情不是女人生命的全部，太多的期望只会在将来化作冲天怨气。或许她会勇于向心仪的男子表达好感，她也愿意为追求幸福去冒被拒绝的风险，但她不会是被爱情困住的金丝鸟，她不会把自己的喜怒哀乐一同交付到这个男人手中。因为她明白，除了爱情，亲情与友情也是生活中很重要的部分。

20几岁的女孩，不要把男人和爱情当作生活的唯一重心，即便失去了这些，你还是能有很多其他的乐趣充实生活。很多时候，爱自己，爱家人，爱事业，爱生活，比要死要活爱一个男人更重要，也快乐轻松得多。为什么不试着用坚强来打造自己呢？很多时候，学做一个为了自己而活的独立女性，比攀附一个男人要好得多。

学会把自己和你心爱的那个男人放在同等高度吧，爱情不是跷跷板，没有谁注定要低人一等。活出自我，学会坚强自信地应对你的人生，那么你才能活得幸福。即便在爱情的跑道上输了也没关系，把它当作是一面镜子，勇敢面对，勇敢放弃，勇敢地重新开始。

6. 想要他爱你多一点，先爱自己多一点吧

有一位哲学家曾经说过：要想让人接受你，你必须首先接受自己。同样的，对于两个相爱的人来说，如果想要对方多爱自己一点，那么就先要自己爱自己多一点。一个不好好珍惜自己的人，一个对自己都无所谓的人，又怎么可能得到别人的爱呢?

20 几岁的女孩要明白，恋爱是彼此之间的事情，如果不珍惜自己，不爱护自己，到最后伤害的就会是自己。任何时候，只有学会了对自己好，学会了爱自己，才能真正地拥有快乐。

在古老神秘的阿拉伯，曾经流传着这样一个故事。

有一对夫妻，非常恩爱，妻子貌美如花，丈夫英俊潇洒。然而，不知是否因为生活太过美好，老天嫉妒了，正当盛年的丈夫患上了眼疾，最终双目失明。望着心如死灰的丈夫，深爱丈夫的妻子心痛不已。她左思右想，最后决定分一只眼睛给自己的丈夫。

手术非常成功，失明的丈夫重又看到了世界，看到了自己的妻子。然而，当丈夫睁开双眼看到妻子的第一眼，却露出了满脸失望的神色。因为，此刻站在他面前的，失去了一只眼睛的妻子竟然如此丑陋。想到以后要日日与妻子相对，丈夫心中再无一丝柔情。他开始厌倦她、冷落她，因为她不再双眸生辉，不再脉脉含情。

而妻子默默忍受着丈夫的不屑。因为她爱他，所以不在乎为他付出怎样的牺牲。对妻子来说，这个世界上再也没有比丈夫更加令她深爱的人了。但是，随着时间流逝，妻子愈加痛苦不堪。因为她深爱的丈夫，甚至连看她一眼都不愿再看。妻子在无人的房间中，默默地流泪，用一只眼睛流下满眼的

悲哀。后来，狠心的丈夫竟抛弃了糟糠之妻，另娶了一名妻子。

故事中女人的伟大叫人心疼，女人因为有爱而可以对男人不离不弃、终身守护，这是多么感人的爱情。可是这种心疼在现在看来，已经有了几分傻。

现在社会中，越来越多的女人要兼顾家庭和事业，但是爱家庭也好，爱事业也罢，千万别忘了用爱的阳光照耀自己，用爱的雨露滋润自己。女人每天多爱自己一点点，这不是自私，而是对自己、对家庭长久的投资。

电视剧《金枝欲孽》里如妃的扮演者，43岁的邓萃雯，在这部女人斗争戏中饰演一名非常厉害的角色。虽然她在电视剧中“谈”过各种各样的恋爱，现实中的她在年轻时也有过多段感情，但可惜均无结果。有一次，香港《明报周刊》采访邓萃雯时，视婚姻如畏途的她在谈及自己的感情生活时说道：“爱错了才知道什么是对，如今宁愿爱自己。”

常有人说“男人把事业放在第一位，女人把感情放在第一位”，这话也许有点偏颇，但就两性而言，女人确实把感情看得很重要。但是只有爱自己的女人，才能得到别人真心的爱，才更有能力去爱别人。

著名作家张抗抗在《悦己》一书中讲道：“美的思想，自然首先也是悦己的，悦己的同时，必然悦人。”其实很多时候，我们只有先学会取悦自己，才能起到悦人的效果。因为我们正是在爱己的过程中才能学会如何正确地去爱他人。如果仔细体会，你会发现如果对自己不喜欢、不满意，就会很容易生出嫉妒心和怨恨心。

任何一个女人都要明白，无论在恋爱还是家庭生活中，不要委屈自己做不愿意做的事。未婚或已婚女人，都要保持一定的交际空间，扩大交友范围，良好的人际关系可以使人心情愉快。同时，在自我意识中试着把“应该做”变成“愿意做”。

学会爱，并不是件容易的事情，要从点点滴滴提高自己。智慧的女人应该学会满足自己的爱美之心，学会放松自己紧绷的神经，这样才能活得更快乐、更幸福，这样的人生才会更美丽、更精彩。

7. 爱，不要多一口，而要少一口

年轻的时候，我们总说：我要找一个自己很爱很爱的人，才会谈恋爱。但是当对方问你，怎样才算是很爱很爱的时候，你却无法回答，因为你自己也不知道究竟爱到哪里才算“深”。后来，当我们逐渐成熟，蓦然回首时才发现，原来爱得太多也是一种负担。

如果说爱有十分的话，那么20几岁的女孩对爱情爱到八分就可以了，剩下两分用来爱自己。爱得太多，对双方来说都是一种压力；爱得太少，彼此会对爱情失去兴趣。所以，对待爱情，恒温就好。

他们结婚已经三年了，她一直为爱付出。女人一旦爱上一个男人，浓浓的母爱能把男人淹没。她把婚前的好友和爱好都放弃了，缩在自己的小家庭里，全情付出。

他们的生活从来都是她一手操持，他什么事都不用管。每天她变着花样为他做好吃的，餐桌上，她给他夹最好吃的菜；购物时，她从来不忘他的喜好，习惯于从他的角度判断一样东西的好坏；对人、对事、对社会的看法，她也决然地站在他的一边，为他的言论和行动喝彩。她习惯了比他早起一点，比他晚睡一点，习惯中她渐渐迷失了自己。

“我愿意为你，我愿意为你忘记我姓名，失去世界也不可惜”，王菲的这首《我愿意》，是她最喜欢听的歌，仿佛唱的是她自己，她在愿意中体会着幸福。她本以为自己的付出是无怨无悔、无欲无求的，所有一切只与真爱有关，但她却忽略了一个最世俗不过的道理：所有的付出都是要求回报的。

当有一天男人辜负了她的爱和付出时，她的表现也会和所有凡俗女人一样，恨男人无情，恨自己的情感白白流失，恨自己的付出一文不值。

爱的感觉，总是在一开始觉得很甜蜜，总觉得多一个人陪、多一个人分担，终于可以不再孤单了，觉得有一个人想着你、恋着你，不论做什么事情，只要能一起就是好的。但是慢慢地，随着彼此的了解加深，开始发现对方的缺点，于是问题一个接着一个发生，你开始烦、累，甚至想要逃避，总觉得自己的爱充满了压力和负担。

其实，很爱很爱的感觉，是要一起经历过许多事情之后才会有的。每个人都希望能够找到自己心目中百分百的伴侣，但是当爱真的有了百分百后，这样的爱不会满溢吗？如果爱得太多，爱也许就会成为彼此的束缚。

适当地给彼此留下一些爱的空间，这样的爱情才能长长久久。因为爱也是有度的，可是很多女人都不能恰当地把握。她们一旦恋爱，动了真感情，便对爱情如痴如醉，可这样的爱往往并没有拴住男人的心，还让自己受到了伤害。

到底应该怪男人太绝情，还是怪女人太傻？只能说，彼此都有责任。爱一个人没有错，但是如果你太爱他了，他就会觉得不自由，进而会想办法挣脱你的束缚。虽然你从来没有想过要束缚他，只不过想让他体会到你对他的爱有多深，但往往你的十分甚至十二分的爱却让他离开了你。女孩们，千万不要爱一个人爱得浑然忘却自我。很多时候你投入得越多，你所受到的伤害可能也就会越多。

喝酒的时候，六分的微醺让人感觉最舒服。那时候，身上的每一块肌肉都可以得到放松。同样，恋爱的时候，女孩们一定要切记给予自己的爱情八分饱就好，不要太多，也不可太少，这样的爱情才会持久怡人。